Qing Shao Nian

Kun Chong Gong Lue

本书由上海科普图书创作出版专项资助

彩图实用昆虫百科/识虫·捕虫·养虫

上海文化出版社

青少年
昆虫攻略

殷海生 毕文烜　编著

图书在版编目(CIP)数据

青少年昆虫攻略/殷海生,毕文烜编著.—上海:
上海文化出版社,2011
ISBN 978-7-80740-653-2
Ⅰ.①青… Ⅱ.①殷…②毕… Ⅲ.①昆虫-青少年
读物 Ⅳ.①Q96-49
中国版本图书馆CIP数据核字(2011)第029223号

责任编辑
唐宗良
封面设计
汤 靖

书名
青少年昆虫攻略
出版、发行
上海文化出版社
地址:上海绍兴路74号
网址:www.shwenyi.com
印刷
上海文艺大一印刷有限公司
开本
787×1092 1/18
印张
8
图文
144面
版次
2011年4月第1版 2011年4月第1次印刷
国际书号
ISBN 978-7-80740-653-2/Q·4
定价
32.00元

上海科普图书创作出版专项资助项目

目 录

宝塔蛉 /044

喜欢在植物高处鸣叫，一般在雄性鸣叫的不远处就有雌性。主要取食植物。

金钟 /045

后翅很发达，善于飞行，一般生活在较高的树枝上，以植物为食，主要分布在我国南方地区。

马蛉 /046

多生活在近地表的落叶中或石块下，鸣声清脆欢快，带有很浓厚的回音。

竹蛉 /048

主要生活在灌木丛中，以植物的叶片为食。白天躲藏于叶片的背面，夜晚爬上叶片鸣叫，声音有些低沉。

蝼蛄 /049

有趋光性，夜间活动，咬食植物根茎，为农业害虫。成虫和若虫均善游泳，雌性有护卵哺幼习性。

竹节虫 /050

以植物为食，多生活在树丛中，由于身体形状与树枝相似，较难发现。

书虱 /052

多见于家居和仓库中，取食动植物标本、干果、书籍、纸张等。

虱子 /053

寄生于人体体表，吸血为生，传播流行性斑疹、伤寒等疾病。

蝉 /054

多生活在高大的植株上，吸食树汁为生。

叶蝉 /056

以吸管吸食植物汁液为生，危害水稻、茭白、小麦、大麦等农作物。

蜡蝉 /057

常生活在果树的树干上，吸食汁液。受惊吓后会展示鲜艳的后翅恐吓对方。

蚧壳虫 /058

体型一般较小，雌性没有翅，没有复眼，一般有蜡质包裹体表，雄性通常有翅。

蚜虫 /059

常群居在一起，吸食植物柔嫩部分的汁液，是重要的农业和园林业害虫。

蝽象 /060

成虫和若虫均吸食多种植物汁液，许多种类为重要的农林业害虫。

猎蝽 /062

益虫，可以帮助人类消灭害虫。

盾蝽 /063

成虫和若虫生活在植物上，均吸食植物的汁液，有群居性。

水黾 /064

以吸食掉落水面的小昆虫等为食，卵块产于水下的植物上或植物茎干里。

蝎蝽 /066

生活在静水中，不善游泳，在水草上爬行，用尾部的呼吸管伸出水面呼吸。

田鳖 /067

前足有锋利的单爪，善于捕捉猎物，中、后足略扁，用以划水。

负子蝽 /068

雌性将卵产在雄性体表上，由雄性随身照顾，直至后代孵化出来，因此为“负子蝽”，是昆虫中的模范父亲。

草蛉 /069

成虫和幼虫均食蚜虫为生，多见于植物上，冬季也见于室内白墙上。

蝶角蛉 /070

外观像蜻蜓，触角端部膨大，像蝴蝶的触角，飞行速度很快。

虎甲 /071

因为有一对令人恐惧的上颚牙，常如饿虎扑食般地捕捉小动物，所以有“虎甲”之称。

步甲 /073

成虫不善于飞行，多在地表活动，行走敏捷。白天一般隐藏于落叶层、树皮下或洞穴中，有趋光性和假死现象。

龙虱 /075

多生活在溪流、湖泊和池塘中，捕食小型水生动物。

前 言

昆虫是自然界中种类最多、数量最大、分布最广的一类动物，也是被人类了解较少的生物之一。因此，对于昆虫的科学研究有许多工作要做，而如何培养青少年学生对昆虫的兴趣爱好就是我们科普工作者的责任和义务。

由于多年的科普工作，每年都要带中、小学生去野外进行夏令营活动，在活动中，发现学生们对昆虫有着很浓厚的兴趣，因此，我与上海文化出版社合作，编写了本书《青少年昆虫攻略》。与此同时，又得到了上海科普图书创作出版专项资助。

在编写中，我按照 88 类常见昆虫的俗称进行排列，尽量将昆虫知识用精简、通俗的形式表达出来，使学生在野外活动时能及时入手，找到所需的知识点，同时配以图片，便于学生对照识别。

本书在编写过程中，得到了上海文化出版社、上海昆虫博物馆和上海市昆虫学会的大力支持。感谢夏凯龄先生、范滋德先生、张雅林先生、章伟年女士、刘宪伟先生、黄健波先生、单蒙正先生和蓝天先生对我的帮助，也要感谢毕文烜先生和陈酒先生，他们为本书提供了许多照片和资料，还要感谢上海市科委、徐汇区科委、科普促进中心和科普教育基地联合会的各位老师，感谢他们对我科普工作的一贯支持和鼎力帮助。

希望这本科普读物能激发学生探索自然科学的兴趣，在快乐中认识自然、获得知识。同时也希望本书的出版能对上海市中小学生二期课改教育、为学生的课外探究实践活动提供帮助。

本书的图片还选用了部分国外资料，在此说明并致谢！

最后，再次感谢上海科普图书创作出版基金的专项资助。

殷海生

2011 年 2 月 18 日于上海昆虫博物馆

蛛虫
Tiaochong

圆跳

分　　类：弹尾纲 Collembola，我国有 300 种。

别　　名：跳虫

英 文 名：emtomobryids，globular springtails

特　　征：成虫体长 1 毫米左右，没有翅，腹部有弹器，可以弹跳。

常见种类：1. 长角蛛虫 *Entomobrya griseoolivata* 触角较长。

2. 短足球圆蛛 *Sphaeridia pumilis* 身体球形。

生活习性：多生活在地表面或落叶中，有时危害菌类。

捕捉方法：可将落叶层连土采集回来，放在有纱网的滤斗里，上面用灯泡烤，下面放个盛水的小瓶子接跌落的虫体。

人工饲养：1. 在玻璃缸内铺一层腐殖土，上面盖层枯树叶。

2. 有时可以放置一些菌类供其食用。

3. 2~3 天喷次水，使土壤湿润。

4. 冬季要加温。

知 识 点：在阔叶林和针叶林的自然土壤中，跳虫的最大数量可以达到每平方米 10 万个个体。

长角跳虫

身体闪着银光的衣鱼

衣 鱼

Yiyu

分 类： 衣鱼目 Zygentoma 衣鱼科 Lepismatidae 昆虫，我国有 7 种。

英 文 名： Lepismatids

特 征： 体较小，全身有鳞片，触角长，没有翅，有细长的尾丝。

常见种类： 多毛栉衣鱼 *Ctenolepisma villosa* 成虫体长 10 毫米左右，扁平，银灰色。

生活习性： 喜温暖的环境，畏光，夜出，危害书籍、纸张、毛料等，家中常见。

捕捉方法： 在家里的大橱和书橱中可以见到，用瓶口直接套就可以捉到。

人工饲养： 1. 在玻璃缸内放些陈旧的书籍和旧毛线。

2. 将衣鱼放入其中即可。

3. 冬季要保暖加温。

尾须三根，部分鳞片脱落。

身体有毛，生活在书籍上，下面破损处是被它破坏的状况。

蜉 蝣

Fuyou

一些种类的翅为透明的薄膜状

分　　类： 蜉蝣目 Ephemeroptera 昆虫，我国有 250 种。

英 文 名： mayflies

特　　征： 身体细长，柔软，多为乳白色，复眼发达，触角短，前翅大，后翅小（一些种类缺后翅），翅面膜质网状，尾部有 2~3 根细长的尾丝。

常见种类： 1. 双斑二翅蜉 *Cloeon bimaculatum* 成虫体长 5 毫米，前翅基部有一个红色斑点，端部有一个褐色斑点，缺后翅，腹部末端有两根尾丝，分布在我国南方地区。

2. 长茎蜉 *Ephemera pictipennis* 成虫体长 15 毫米，前后翅透明，腹部白色，有黑色纵纹，末端有三根尾丝。分布在上海、浙江等地。

生活习性： 稚虫生活在水中，以捕食小的水生动物为生，成虫不取食，寿命短。

捕捉方法： 将网放在小溪中石头下方，然后搬动石块，利用水流的冲刷将石下的稚虫冲到网中，在大河和湖泊中可以用船上的拖网来捕捞。成虫可用捕虫网直接捕捉，也可利用蜉蝣的趋光性进行灯诱。

有长长的尾丝

人工饲养： 1. 在能进行水循环的鱼缸内放些石块和沙砾，种植一些水草。

2. 将采集来的稚虫放入，数量根据鱼缸大小决定，宁少勿多。

3. 在蜉蝣快羽化的时候，要放置一些较长的树枝，并要伸出水面 10 厘米以上，便于蜉蝣爬出水面羽化。
4. 投放蚊子的幼虫或是水蚤等喂食。
5. 冬季不需要加温。

知 识 点： 1. 成语“朝生暮死”就是从蜉蝣而来，因为许多蜉蝣都是清晨羽化后，在当天完成交配产卵，然后在傍晚死去。
2. 蜉蝣是非常有营养的鱼类饲料。
3. 蜉蝣可以监测水质的污染程度，是一种环境指示物种。

群居在一起的蜉蝣

蜉蝣的稚虫，身体两侧的突出物是它的气管鳃。

蜻蜓
Qingting

一些蜻蜓种类有鲜艳的色彩，翅上有褐色的翅痣。

分　　类： 蜻蜓目 Odonata 差翅亚目 Anisoptera 昆虫，我国有300种。

英 文 名： dragonflies，skimmers

特　　征： 体态纤细，头部较大圆形，能左右转动。复眼特别发达，相互接近。头部的上方，还有3个单眼和2根刚毛状的触角，翅密布网状的翅脉，有翅痣，后翅比前翅宽，腹部细长，雄性的腹端长有一对尾钳。

蜻蜓复眼有许多的小眼组成，触角毛状。

蜻蜓羽化后蜕下的空壳

常见种类： 1. 红蜻 *Crocothemis servilia* 成虫体长50毫米，展翅70毫米左右，雄虫红色，翅透明，雌虫腹部黄色。

2. 黄蜻 *Pantala flavescens* 成虫体长50毫米，展翅80毫米左右，黄色，腹部背面有黑色纵条纹，足黑色，有黄色条纹。

3. 玉带蜻 *Pseudothemis zonata* 成虫体长50毫米，展翅70毫米左右，体黑色，腹部有黄色环带。

生活习性： 稚虫成活在水中，捕食小鱼等水生动物，成虫捕食蚊、蝇、叶蝉、蛾类等小型昆虫，多见于有水源的地方。

捕捉方法： 蜻蜓成虫的捕捉方法比较简单，主要用网来捕捉，夏季雷阵雨前较为方便。因为这时空中会有许多蜻蜓来回飞舞，较易捕捉。稚虫的捕捉方法是将网放在小溪中石头下方，然后搬动石块，利用水流的冲刷将石下的稚虫冲到网中。

人工饲养： 蜻蜓成虫比较难饲养，一般饲养稚虫。

1. 在能进行水循环的鱼缸内放些石块和沙砾，种一些水草。
2. 将采集来的稚虫放入，宁少勿多，蜻蜓稚虫有自相残杀的习性。
3. 在快羽化时，要放些较长的树枝或石块，并要伸出水面 10 厘米以上，便于蜻蜓爬出水面羽化。
4. 小的时候，喂孑孓、水蚤等，长大后可以喂小蝌蚪、小鱼或蚯蚓等。
5. 冬季不需要加温。

知 识 点：

1. 成语“蜻蜓点水”，就是雌性蜻蜓在水中产卵。
2. 蜻蜓的交配方式非常特别。当一只雄蜻蜓和一只雌蜻蜓相遇时，如果它们相互有意，就会不停地上下翻飞，这时雄蜻蜓就会飞到雌蜻蜓的上方，用尾部的钳子夹住雌蜻蜓的头颈，而雌蜻蜓就会将腹部翘上去，与雄蜻蜓腹部中间的生殖器相连，开始交尾。
3. 由于蜻蜓膜翅的特殊构造，可在空中停顿，使它能适应长时间的飞行和许多特技飞行，利用它的这些特点，人类加以模仿，使直升飞机等航空器得到很大的改进。

蜻蜓的稚虫

稚虫头部下面是它的口器

蜻蜓后翅比前翅宽大，休息时翅展开。

豆娘

Douniang

一些豆娘的翅褐色或黑色，身体有金属光泽。

分　　类： 蜻蜓目 Odonata 均翅亚目 Zygoptera 昆虫，我国有一百三十多种。

别　　名： 色蟌

英 文 名： damselflies

特　　征： 与蜻蜓相似，但身体更纤细，头部横宽，复眼相互远离，前后翅相似。在树枝上休息时，二对翅合拢。

常见种类： 1. 透顶单脉色蟌 *Matrona basilaris* 成虫体长 60 毫米，展翅 60 毫米左右，雄虫全身有蓝绿色金属光泽，翅黑色略带金属光泽，雌虫褐色，翅痣白色。

2. 褐斑异痣蟌 *Ischnura senegalensis* 成虫体长 30 毫米，展翅 40 毫米左右，雄虫胸部绿色有黑色斑纹，翅透明，腹部黄绿色，背面有黑色纵纹，雌虫灰褐色，分布在我国南方地区。

生活习性： 稚虫和成虫均为捕食性，稚虫生活在水中，捕食小鱼等水生动物，成虫生活在溪水边，喜欢停在阴暗的树叶上休息，捕食蚊、蝇、叶蝉、蛾类等小型昆虫。

豆娘交尾时雄性夹住雌性，雌性腹部上翘与雄性交配。

捕捉方法： 成虫的捕捉方法比较简单，用捕虫网捕捉；稚虫多在小溪中石头下，搬动石块，利用水流的冲刷将稚虫冲到网中。

人工饲养： 成虫比较难饲养，多数是饲养稚虫。

1. 在能进行水循环的鱼缸内放些石块和沙砾，种植一些水草。
2. 将采集来的稚虫放入，宁少勿多，它们有自相残杀的习性。
3. 在快羽化时要放些较长的树枝，并要伸出水面10厘米以上。

雄性用尾部钳子夹住雌性颈部

4. 小的时候，喂孑孓、水蚤等，大些时可以喂小蝌蚪、小鱼或蚯蚓等。
5. 冬季不需要加温。

知 识 点： 1. 豆娘和蜻蜓一样，每只复眼由许许多多个小眼组成，视角近乎有360度。

2. 豆娘和蜻蜓的稚虫都是监测水质好坏的环境指示昆虫。

豆娘休息时翅合拢

蟑 螂
Zhanglang

美洲大蠊咬食饼干

分　　类： 蜚蠊目 Blattodea 昆虫，我国有 300 种左右。

英 文 名： cockroaches

特　　征： 身体宽扁，体表较光滑，多为黑褐色，头小，缩在胸部下面，翅发达，一些种类没有翅。

常见种类： 1. 美洲大蠊 *Periplaneta americana* 成虫体长 30 毫米左右，红褐色，胸部黄褐色，有黑色斑，全国都有分布。

2. 德国姬蠊 *Blattella germanica* 也称德国小蠊，成虫体长 12 毫米左右，棕黄色，胸部有两条黑色纵纹，全国都有分布。

生活习性： 食性杂，偏好糖和淀粉物质，夜间四处活动，爬行快，传播疾病，属卫生害虫。

捕捉方法： 主要为食物诱捕，晚上将糖和淀粉物质放在一个口小腹大的瓶子内，放在厨房等处，第二天就可以收集到虫体。

人工饲养： 1. 在有窗纱盖子的玻璃缸内放些瓦片，再放入蟑螂。

2. 放一个水盘，并经常换水。

3. 用麸片、菜叶和饼干等喂食。

4. 冬季要加温。

知 识 点： 1. 一些种类的蟑螂将卵产在卵鞘中，可以保护卵不被其他动物咬食。

2. 蟑螂是古老的昆虫，它的繁殖力和适应性很强，但远古的蟑螂与现代的蟑螂差别不大。

德国姬蠊

雌性腹端的卵鞘

正在羽化的硕蠊，翅还未展开。

地鳖虫身体腹面

地鳖虫

Dibiechong

分　　类： 蜚蠊目 Blattodea 地鳖蠊科 Polyphagidae 昆虫，我国有十多种。

别　　名： 土元

英 文 名： cockroaches

特　　征： 体长 10~30 毫米不等，头隐藏在胸部下面，身体有微毛，成虫雌雄异型，雄性有翅，雌性一般无翅。

常见种类： 中华真地鳖 *Eupolyphaga sinensis* 身体卵圆形，褐色，足上多刺，全国都有养殖。

生活习性： 喜欢生活在阴暗、湿润、疏松的腐殖土中，食性杂，怕光，夜间活动。

捕捉方法： 将土放在纱网上过筛或用食物引诱。

人工饲养： 1. 在不透光的玻璃缸内放松软、肥沃干净的养殖土。

2. 喂食菜叶、瓜皮、麸皮等。

3. 2~3 天喷一次水，不要太多。

4. 冬季要加温。

知 识 点： 地鳖虫是一种中药材，有舒筋止疼消肿的功效。

地鳖虫

白 蚁

Baiyi

上方的是工蚁，下方是长有大颚的兵蚁。

分　　类：等翅目 Isoptera 昆虫，我国有四百多种。

别　　名：白蚂蚁、大水虫

英 文 名：termites

特　　征：身体软弱，白色或淡黄色，触角念珠状。蚁后身体粗大，腹部肥胖。工蚁最小，约10毫米左右。兵蚁比工蚁稍大，头部有深色发达的上颚（牙）。白蚁一般没有翅，只有繁殖蚁才有翅。

常见种类：1. 家白蚁 *Coptotermes formosanus* 土内可做巢。

2. 散白蚁 *Reticulitermes sp.* 土内不做巢。

生活习性：群体生活的社会性昆虫，有复杂的组织分工。危害木质建筑和行道树。

捕捉方法：白蚁有专门的蚁路，是用沙石和唾液混合后制造成能供自己通行的封闭式通道，所以发现蚁路后可在通道内捕捉。另外，蚁巢内也能捕获大量的白蚁，甚至蚁后。

白蚁建造的高大蚁堡

人工饲养：1. 将玻璃缸放置在一个盛有水的盆子中央，可避免白蚁爬出失去控制。

2. 在玻璃缸内底部放入一些土。

3. 土上放木块（最好是松木）和草纸，并淋湿。

4. 经常喷水。

5. 冬季要加温。

知 识 点：1. 有繁殖作用的雄性和雌性白蚁，在空中来回飞舞，称之为“婚飞”，然后降落地面，自动脱落前后翅，挖掘蚁巢交配产卵。

2. 巢内分工明确，蚁后负责产卵，兵蚁负责保卫，工蚁负责清洁卫生、采集食物、喂养后代。
3. 白蚁和蚁卵含有丰富的蛋白质，非洲土人将白蚁打成蚁浆食用。
4. 成语“千里之堤，溃于蚁穴”说的就是白蚁。

白色粗大部分是蚁后的腹部，周围是兵蚁和工蚁。

饲养白蚁的方法

白蚁在木材上建造的蚁路

准备婚飞的有翅白蚁

螳 螂
Tanglang

螳螂若虫翅还处于翅芽状态

分　　类：螳螂目 Mantodea 昆虫，我国有一百多种。

别　　名：西方国家把螳螂称为“祈祷者”。

英 文 名：Mantids

特　　征：身体细长，10~110 毫米，颜色有绿色、白色或褐色。头部近似三角形，能左右活动，触角细短，复眼强烈突出，除复眼外还有三个排列成三角形的单眼，在夜晚也能准确地捕捉到猎物。胸部细长，前足镰刀状，边缘有坚硬的细刺，便于捕捉猎物，同时还能防止猎物逃脱。腹部较长，背面覆盖有两对翅。

螳螂三角形的头部和镰刀状前足

螳螂捕蝉

常见种类：1. 中华大刀螳 *Tenodera sinensis* 体长约为 70 毫米，多为绿色，也有褐色，在我国分布很广。

2. 眼斑螳 *Creobroter gemmata* 体长 30 毫米，全身绿色，前翅各有一个黑边的红眼斑，眼斑中有黑点，后翅大部分为红色。它是国内螳螂中较鲜艳的种类，主要分布在我国南方地区。

3. 拟皇冠花螳 *Hymenopus coronatoides* 体长约为 50 毫米，全身白玉色。复眼锥形，头部中央有一个角状突起，从螳螂的背面看，头部如同带了一顶皇冠。胸部较短，圆形。前足小腿和中、后足的大腿呈花瓣状膨大。前翅上有褐色斑点。拟皇冠花螳是著名的拟态昆虫，极为珍贵和罕见。

生活习性：螳螂的一生要经历 3 个阶段：卵、若虫和成虫。交配后的雌性在晚秋将卵块包裹在分泌物形成的卵鞘内，黏附在树枝、墙壁或石块上度过寒冷的冬季，等到第二年孵化。雌性一生可产几个卵鞘，每个卵鞘内有几十至上百个卵粒。螳螂生活在各种植物上，以捕食各种昆虫为生。

捕捉方法：1. 收集螳螂的卵鞘，自己孵化后获得螳螂。一般在冬季采集卵鞘，注意切勿弄碎外壳，放在常温下保存，到第二年的 4~5 月，以 20℃ ~30℃进行孵化。

2. 野外采集成虫，白天可网捕，用手捕捉时，千万要从螳螂的身体后方，抓住它的前胸两侧，以防它前足伤人，最好用镊子捕捉。

3. 夜晚可通过灯光来诱捕螳螂，因为它有较强的趋光性。

人工饲养：1. 在玻璃缸内种植小型植物，或放入插在水瓶中的植物，顶部加纱网。

枯叶螳的恐吓状，向两侧伸开的是前翅。

中华大刀螳

2. 缸内根据空间大小放入螳螂，一般2~3只为宜。

3. 根据螳螂的大小喂不同的食物，小螳螂可用蚜虫、果蝇喂食，长大后用蟋蟀、蝗虫或蝴蝶。

4. 冬季要加温。

5. 控制湿度，做好清洁卫生工作。

知 识 点： 1. "螳臂挡车"：螳螂举起前足阻挡车轮，比喻自不量力，招致失败。"螳螂捕蝉，黄雀在后"：螳螂一心一意要吃蝉，而背后的黄雀却正盯着它。比喻只看到前面的利益，而不顾身后的危险。

2. 螳螂有相互残杀的习性。小螳螂孵化出来时，已经孵化好的小螳螂会将刚刚孵化的螳螂杀死。还有一种情况就是雌性在洞房花烛时将雄性的头咬下，当作点心吃掉，这时即使新郎头已落地，仍然不妨碍二者的交尾。对于这种现象，科学家有多种解释，比较容易接受的是：因为雄性螳螂相对比较活跃，在交尾过程中，很容易受到外界的干扰，因此新娘将它的头部咬下，减少干扰。同时新郎又可以成为新娘的营养来源，为今后生儿育女打下扎实的基础。

3. 经常有一种叫"铁线虫"的动物寄生在螳螂体内，一旦被它寄生，螳螂就会不吃不动，直到铁线虫发育成熟，才从螳螂的肛门爬出。

4. 螳螂的卵鞘是一种中药，叫螵蛸，它的特性是味甘性平，补肾固精。

螳螂的螵蛸

刚孵化出来的若虫

在雌性身上的是张开翅已经被咬掉头部的雄性螳螂

蠼螋受到惊吓时常翘起腹部张开尾铗

蠼 螋

Qusou

分　　类： 革翅目 Dermaptera 昆虫，我国有 200 种。

别　　名： 搜夹子

英 文 名： earwigs

特　　征： 身体狭长而扁平，胸部呈四边形，前翅革质，后翅膜质呈扇形，多数种类有尾铗，雌性产卵瓣退化。

常见种类： 1. 河岸蠼螋 *Labidura riparia* 成虫体长 10~15 毫米，前翅革质，没有侧隆线，后足大腿长，腹端有尾铗。在中国从内蒙、甘肃一直分布到海南。

2. 中华球螋 *Forficula sinica* 成虫前翅革质，没有侧隆线，雄性尾铗基部毗连。在中国从陕西、山东一直分布到广西、云南、西藏。

生活习性： 以植物的花粉、嫩叶、菌类以及动物的腐败物为食。喜欢夜间活动，白天隐藏在石块下或是土壤里，能分泌特殊的臭味驱敌。

蠼螋尾部的尾铗

雌雄蠼螋的尾铗不同，雄性的较强壮。

捕捉方法：经常能在石块下见到，轻轻翻开石块，用小镊子夹住虫体，有时候还能看到黄白色的卵。

人工饲养：1. 在玻璃缸内铺 4~5 厘米的土，上面压几块扁平的石块。

2. 将采集到的虫体放入缸内，蠼螋自己会在石块下挖掘虫穴。

3. 用蚜虫、果蝇等尸体或有花粉的鲜花喂食。

4. 冬季要加温。

知 识 点：1. 蠼螋是昆虫中的模范母亲，表现出高度的护卵行为。

2. 尾铗是它的防御武器，受惊吓时，反举腹部，张开尾铗，以示威吓。

3. 雄性的尾铗较强壮，雌性的尾铗细小。

蠼螋的卵

雌性蠼螋用尾铗夹住蚂蚁

中华稻蝗

蝗虫
Huangchong

分　　类： 直翅目 Orthoptera 蝗总科 Acridoidea 昆虫，我国有 900 种。

别　　名： 若虫称蝗蝻

英 文 名： grasshoppers，locusts

常见种类： 1. 中华稻蝗 *Oxya chinensis* 成虫体长 30 毫米左右，以绿色为主，身体两侧有深褐色条纹，从复眼后面一直到翅端，翅超过后足大腿末端。

2. 短额负蝗 *Atractomorpha sinensis* 雄性成虫体

漫天飞舞的蝗虫

正在交尾的蝗虫

长 20 毫米，雌性体长 30 毫米左右，草绿色或褐黄色，头尖，颜面倾斜，后翅红色，后足细长。

生活习性：以水稻等禾本科植物和豆类、棉花、蔬菜等为食，善跳跃。

捕捉方法：用捕虫网直接扫停在植物上的蝗虫。地上的蝗虫可将网口慢慢放在它前面 20 厘米的地方，用脚在它后面用力蹬地，将它赶入网中。上午时还可根据蝗虫摩擦后足的声音进行捕捉。

人工饲养：1. 在玻璃缸内铺一层土，放一些树枝。

2. 用新鲜的禾本科嫩草喂食。

3. 早上可以将玻璃缸放在阳光下，中午放在通风好、凉爽的地方。

4. 冬季要加温。

知 识 点：1. 由蝗虫引起的蝗灾与水灾、旱灾并列为中国古代三大自然灾害。

2. 一些蝗虫（如东亚飞蝗）可进行远距离的集群迁移，所到之处颗 粒无收。

3. 一些蝗虫种类通过人工饲养可出口到日本，做成食品罐头。

雌性蝗虫将腹部伸入土中产卵

中华蚱蜢

蚱 蜢
Zhameng

分　　类： 直翅目 Orthoptera 剑角蝗科 Acrididae 昆虫，我国有七十多种。

别　　名： 尖头蚱蜢，蚂蚱

英 文 名： grasshoppers

常见种类： 中华蚱蜢 *Acrida cinerea* 身体瘦长，雌性体长 80 毫米，为雄性的 2 倍，绿色或褐色，头特别尖，突出在身体前面。触角剑状，前翅狭长，后足细长。

生活习性： 多在田边、草丛中活动，以禾本科植物为食。

捕捉方法： 可用网捕捉，也可以从后面直接用手捏住它的两条后足。

人工饲养： 1. 在玻璃缸内铺一层土，放些树枝。

2. 用新鲜的禾本科嫩草喂食。

3. 早上可将玻璃缸放在阳光下，中午应放在通风凉爽的地方。

4. 冬季要加温。

知 识 点： 用手指捏住它的两条后足，它就会将身子不停地上下摆动，如同叩头一般。

螽斯

Zhongsi

尾部有产卵瓣的雌性草螽

分　　类： 直翅目 Orthoptera 螽斯总科 Tettigonioidea 昆虫，我国有四百多种。

英 文 名： katydids

常见种类： 1. 斑翅草螽 *Conocephalus maculatum* 体长20毫米左右，绿色，头较尖，前翅较长，有斑纹，超出腹部，雌虫产卵瓣剑状。

2. 日本条螽 *Ducetia japonica* 体长20毫米左右，绿色，背面有褐色条纹，前翅短于后翅，超出腹端，雌虫产卵瓣弯刀状。

3. 中华螽斯 *Tettigonia chinensis* 体长30~50毫米，绿色或褐色，有褐色条纹，雌虫产卵瓣剑状。

模拟苔藓颜色的螽斯后足有刺

生活习性： 以植物的嫩茎、叶、花为食物。喜欢栖息在草丛、灌木丛之中，一些种类的雄性有发音器，可以鸣叫，但频率各不相同。

捕捉方法： 1. 用捕虫网可捕捉在植物高处的螽斯。

2. 一些螽斯有趋光性，可用灯诱方法捕捉。

翅模仿成树叶状的螽斯

人工饲养： 1. 在玻璃缸内铺一层土，放些树枝。

2. 用新鲜的禾本科嫩草喂食，也可用面包虫等补充动物蛋白。

3. 早上可以将玻璃缸放在阳光下，中午放在通风好、凉爽的地方。

4. 冬季要加温。

雄性的前翅有发音器

纺织娘

Fangzhi niang

分　　类： 直翅目 Orthoptera 纺织娘科 Mecopodidae 昆虫，我国有 2 种。

别　　名： 络纬、络纱婆

英 文 名： katydids

常见种类： 纺织娘 *Mecopoda elongata* 成虫体长 30~40 毫米，连同翅的长度约为 60 毫米，身体颜色有绿色或枯黄色两种，前翅很长很宽，竖立在身体两侧，后足非常细长。主要分布在我国的华南和华东地区。

生活习性： 一般生活在较密集的灌木丛中，夜间鸣叫，因其叫声如同古代织布机的织布声，故名纺织娘。以植物的花和嫩叶为食，尤其爱在南瓜藤上活动，遇到危险时，可自断后足来摆脱捕捉者的控制。

捕捉方法： 夜间捕捉比较方便，因为它鸣叫时喜欢爬到高处，用网扫不容易受灌木的阻挡，也可以用拇指和食指从它身体后面夹住它的翅来捕捉。最好能连其两个后足一起捏住，可防止其逃脱。千万不能从正面用手捕捉，不然它会咬手。

人工饲养： 1. 在玻璃缸内放一些树枝和一块吸水的海绵。

2. 将纺织娘放入缸内，数量不要太多。

3. 用新鲜的南瓜藤或花朵喂食。

4. 冬季要加温。

雌性纺织娘的翅后端可见产卵瓣

灶马
Zaoma

雌性灶马

分　　类： 直翅目 Orthoptera 驼螽科 Rhaphidophoridae 昆虫，我国有 20 种。

英 文 名： cave crickets

特　　征： 成虫缺翅，背部拱起，触角长，腿上有刺。

常见种类： 温室灶马 *Tachycines asynamorus* 成虫体长 25 毫米左右，背部拱起，褐色有斑纹，足上有长刺。

生活习性： 食性杂，饭粒、菜屑皆可，常见于民居的灶间附近，善跳跃。

捕捉方法： 用网可以直接捕捉。

人工饲养： 1. 在玻璃缸内多放些瓦片。
2. 将采集的灶马放入。
3. 用饭粒、菜屑等喂食。
4. 冬季要加温。
5. 不需要经常清理卫生。

知 识 点： 由于城市居民多用煤气和液化气等现代化厨房设备，因此现多见于农村的灶房内。

灶马身体背面弓起，后脚粗大。

野外的灶马

雌性若虫

蝈 蝈

Guoguo

分　　类： 直翅目 Orthoptera 螽斯科 Tettigoniidae 昆虫，我国有 5~6 种。

别　　名： 叫哥哥（南方地区）

英 文 名： katydids

特　　征： 成虫体长 20~40 毫米左右，全身鲜绿或绿褐色，头大，复眼突出，触角细长，胸部呈马鞍状，左右翅结构不同，腹部粗而圆，后足强壮。

常见种类： 1. 优雅蝈螽 *Gampsocleis gratiosa* 俗称蝈蝈。多为碧绿色，前翅较短，长度不到腹部的一半。本种主要分布在我国甘肃、内蒙、陕西以及江浙一带。

2. 暗褐蝈螽 *Gampsocleis sedakovii* 俗称长翅蝈蝈。与优雅蝈螽基本相似，但颜色以褐色为主，前翅较长，可达腹部，侧面有绿色和黑色的花斑。主要分布在我国的山东、河北、内蒙古。

3. 鼓翅鸣螽 *Uvarovites inflatus* 俗称姐儿、吉儿、扎嘴。体型比前两种略小，20~30 毫米，全身翠绿色，非常鲜艳，雄性前翅与腹部差不多等长，薄而透明，因翅形状如同妇女的拖地长裙，所以有“姐儿”之称。主要分布东北、山东等地。

优雅的蝈螽

生活习性： 一般生活在灌木丛中或庄稼地中，以植物的茎

暗褐蝈螽

干和果实为主食，尤其喜爱毛豆。

捕捉方法：蝈蝈白天黑夜都会鸣叫，只要根据它的叫声判断位置就可以捕捉，可用网慢慢放在它前面，然后从后面将它赶到网中。如果用手直接抓，可从后面捏住它的胸部，这样它就不容易咬到你。

人工饲养：
1. 可在放有树枝的玻璃缸内或是蝈蝈笼饲养，必须通风透气。
2. 玻璃缸内可以放几个个体，笼中只能放一个。
3. 夏季可用新鲜的毛豆、瓜果喂食，冬季可适量增加动物性蛋白，如面包虫等，以延长它们的寿命，并增强其抗寒能力。
4. 避免放在阳光下直晒或雨淋。
5. 冬季要采取保暖措施，玻璃缸内要加温，或是放入葫芦等器具中。

雄性蝈蝈

知 识 点：早在两千多年前就有关于蝈蝈的记载。当时的皇宫中，一些嫔妃就用小金笼将它养起来，听它为自己唱歌，排忧解闷。同时，因为蝈蝈的繁殖力非常旺盛，也作为吉祥物来崇拜，希望能多子多孙。

油葫芦

Youhulu

雄性油葫芦尾部中间是折叠起来的后翅，两侧是尾须。

分　　类： 直翅目 Orthoptera 蟋蟀科 Gryllidae 昆虫，我国有 7 种。

别　　名： 黑虫

英 文 名： crickets

特　　征： 身体粗壮，长约 15~25 毫米不等，褐色或黑色，有油光。头大，复眼突出，眼有白色的眉纹，触角长，上颚（牙）锋利。雄性翅可以摩擦发音，后翅如果没有脱落，会卷成束超出前翅。雌性翅没有发音器，尾部有矛状的产卵瓣。前足有类似耳朵的听器，后足强壮。

常见种类： 1. 黄脸油葫芦 *Teleogryllus emma* 颜面黄色。

2. 黑脸油葫芦 *Teleogryllus occipitalis* 颜面黑色。

油葫芦的头部可见复眼上方的白色眉纹

生活习性： 油葫芦在我国分布很广，几乎各省都有。它喜欢栖息在草地以及田野，咬食植物的根和嫩茎。白天隐藏，夜间活动，雄性有争斗的习性。

捕捉方法： 1. 白天可用捕虫网在草地上来回兜扫。

2. 晚上利用其鸣叫的

声音用蟋蟀网捕捉，周围也经常会有雌性出现。

3. 油葫芦有趋光性，可利用灯光诱捕。
4. 用花生酱等食物放在口小肚大的瓶中诱捕。

人工饲养： 1. 大的储物箱和小的蟋蟀盆都可饲养，储物箱可以多养几只，蟋蟀盆则单养。
2. 容器底部铺些泥土，大的储物箱可放些瓦片。
3. 喂瓜果、饭粒、菜叶即可。入冬后可喂肉糜或猪肝，3~4 天一次，增强其体力，抵抗严寒。
4. 冬季要加温，也可将宠物盒贴身放，夜间放在枕头底下保温。
5. 应注意清洁卫生。

知 识 点： 1. 油葫芦出现在中晚秋，在蟋蟀之后。秋雨过后，夜间鸣声略有凄惨委婉。在古代，诗人们常以它的叫声来抒发自己忧郁、愤懑的心情。
2. 油葫芦的挑选：体健、色亮、翅薄、声佳八个字。初玩者还要注意，应捕捉雄性，因为只有雄性才会鸣叫。

在大的储物箱内可多只一起饲养

雄性斗蟋

斗蟋

Douxi

分　　类：直翅目 Orthoptera 蟋蟀科 Gryllidae 昆虫，我国有 9 种。

别　　名：蟋蟀、蛐蛐，古时也称促织。

英 文 名：crickets

特　　征：身长 10~20 毫米不等，褐色或黑色，有斑纹和光泽。头大，复眼突出，触角长，牙锋利。雄性前翅可以摩擦发音，后翅脱落。雌性翅短，没有发音器，尾部有矛状的产卵器，生长在尾须中间，俗称三枚子。前足有类似耳朵的听器，后足强壮。

常见种类：1. 迷卡斗蟋 *Velarifictorus micado* 此种斗蟋分布很广，就是平时我们所说的蟋蟀。由于个体变化很大，尤其是头部的花纹和身体的颜色产生的差异，因此有各种各样的名称。雄性极其善斗，因此受到大众的喜爱，在我国有两千多年的历史，被称为中华第一虫。

2. 长颚斗蟋 *Velarifictorus aspersus* 雄虫上颚大牙明显延长，颜面中央凹入，侧观好似瘪嘴，因此有“瘪嘴”雅号，又因其颚牙比普通的斗蟋都长，有“长牙”的俗称。

生活习性：主要生活在土洞中、石块下，食性较杂，雄性好斗，鸣声清脆。

捕捉方法：1. 晚上利用其鸣叫声音用网捕捉，周围常会有

雌性斗蟋的尾部可见到两根尾须和中间的一根产卵瓣

雌性出现。

2. 用花生酱等食物放在口小肚大的瓶中诱捕。

人工饲养： 1. 蟋蟀盆饲养，每盆一只雄性。

2. 容器底部铺些泥土，大的储物箱可以放些瓦片。

3. 平时喂瓜果、饭粒。入冬后喂细肉糜或猪肝，3~4 天一次。

4. 冬季要加温。

5. 应注意清洁卫生。

蟋蟀的饲养还根据气候和季节，分为早秋饲养法、中秋饲养法和晚秋饲养法。

早秋饲养法：即在处暑至白露这段时间内的饲养。这段时间天气比较炎热，因此蟋蟀不可缺水，应经常更换净水，最好用清晨荷叶上的露水，因为它有清热解毒的功能。城市中荷叶露水比较难得，也可用药店卖的金银花露加水稀释后喂养。这段时间的喂食基本以谷类为主，食物宁可多放，不可少放。

中秋饲养法：即在白露至寒露这段时间内的饲养。这段时间的蟋蟀经过后天的调理已经身强体壮，可以进行格斗了。这时，在食物上应多加些滋补类的食品。饮水上应少用或不用清凉的水，因为这时天气转凉容易让蟋蟀受凉。

晚秋饲养法：即在寒露至冬至这段时间内的饲养。这段时间蟋蟀基本已不再格斗，天气也已寒，因此可适当给虫加温。这时的食物应提高营养成分，以荤食为主，饮水中也可适当增加些营养成分。

知 识 点： 1. 蟋蟀鸣叫是依靠摩擦前翅产生，雄性左右前翅相似，多数情况下是右侧的前翅覆盖在左侧前翅上面。鸣叫时以右侧前翅反面的音齿摩擦左侧前翅正面的刮片，发出声音。

2. 蟋蟀的鸣叫如同我们人类的语言，有多种意义，一般分为呼叫声、示威声和求爱声 3 种：呼叫声：是蟋蟀经常使用的声音，主要起联络和传递一般信息的作用。示威声：主要是当蟋蟀感到威胁或者在争斗结束后发出的声音,起到向对方示威的作用。求爱声:是蟋蟀向雌性发出的带有情歌性质的声音，让雌性蟋蟀从歌声中辨别方向并且判断雄性的优劣。

3. 蟋蟀宰相：宋朝的时候，斗蟋蟀的风气盛行，以至于出现了宰相贾似道因斗蟋蟀而误国的咄咄怪事，他本人也被史学家称之为蟋蟀宰相。但贾似道组织编写了世界上第一部有关蟋蟀研究的专著《促织经》。

4. 宁津蟋蟀节：在民间有专门的蟋蟀盛会——山东省宁津县的“宁津蟋蟀节”。由于山东宁津的蟋蟀身强体壮，勇猛善战，多次获得大赛的冠军。因此，每年八、九月间，去宁津采购蟋蟀的队伍是浩浩荡荡，在 1991 年 8 月还举办了首届蟋蟀节。

雌性斗蟋

双斑蟋

Shuangbanxi

雄性双斑蟋

分　　类： 直翅目 Orthoptera 蟋蟀科 Gryllidae 昆虫，我国只有一种。

别　　名： 乌龙仔、画镜、花镜、黄斑蟋

英 文 名： crickets

常见种类： 双斑蟋 *Gryllus bimaculatus* 身体比蟋蟀粗壮，体长 20~30 毫米，我国台湾省一些人工饲养的可以长到近 40 毫米，黑色或黄褐色，有光泽。两个前翅基部各有一个黄色斑，因此获名“双斑蟋”，雌虫产卵瓣长矛状。

生活习性： 双斑蟋主要分布我国黄河以南地区，野外多栖息于杂草丛和农田中，食植物的根、茎和嫩苗。喜夜间活动，有趋光性。

捕捉方法： 与捕捉蟋蟀基本类似。

1. 晚上利用其鸣叫的声音用网捕捉。
2. 利用花生酱等食物诱捕。

人工饲养：

1. 用蟋蟀盆或宠物盒单养。
2. 容器底部铺些泥土，大的储物箱可以放些瓦片。
3. 平时喂瓜果、饭粒，入冬后喂细肉糜或猪肝，3~4 天一次。
4. 冬季要加温。
5. 应注意清洁卫生。

争斗中的双斑蟋

知 识 点：

1. 雄虫不仅善于鸣叫，而且喜好打斗。
2. 在我国台湾地区，斗蟋蟀用的就是此种双斑蟋，而且是人工饲养繁殖。

雄性棺头蟋

棺材头
Guancaitou

分　　类：直翅目 Orthoptera 蟋蟀科 Gryllidae 昆虫，我国有十多种。

别　　名：棺头蟋

英 文 名：crickets

特　　征：体长 10~20 毫米，身体褐色，头顶前倾，雄性尤其突出，前缘呈圆弧形，如同古代棺材的正面观。颜面中部有一个黄色圆斑，一些种类的雄性触角边缘有片状的突起。

常见种类：1. 石首棺头蟋 *Loxoblemmus equestris* 个体小，触角第一节有齿状突起。

2. 多伊棺头蟋 *Loxoblemmus doenitzi* 个体大，颜面两侧有大的角状突出。

生活习性：棺头蟋分布较广，喜欢生活在林间或石块下，寿命较短，有一定的趋光性。

捕捉方法：与蟋蟀等类似。

人工饲养：1. 用蟋蟀盆或宠物盒饲养，可多只同时饲养。

2. 容器底部铺些泥土，大的储物箱可以放些瓦片。

3. 平时喂瓜果、饭粒，入冬后可喂细肉糜或猪肝，3~4 天一次。

4. 冬季要加温。

5. 应注意清洁卫生。

触角间的白点是单眼

蛉 虫
Lingchong

赤胸墨蛉蟋

分　　类： 直翅目 Orthoptera 蛉蟋科 Trigonidiidae 昆虫，我国有十多种。

英 文 名： singing crickets

常见种类： 1. 双带拟蛉蟋 *Paratrigonidium bifasciatum*

别　　名： 金铃子

特　　征： 成虫体长约 6~8 毫米，通体呈黄褐色，有黑斑。雄性前翅有黑色斑纹，后足的大腿外侧有两条黑色条纹。

生活习性： 鸣声清脆，主要生活在草丛中，分布在我国长江以南地区。

2. 灰黄蛉蟋 *Anaxipha pallidula*

别　　名： 黄蛉

特　　征： 成虫体长 6 毫米左右，全身金黄色，有油光，触角细长，复眼突出，雄性前翅半透明，雌虫前翅短，产卵瓣弯刀状。

生活习性： 黄蛉喜欢栖息在芦苇和茅草丛中，以植物的嫩叶为食，常将卵产在草或树枝上，分布我国江浙一带。

雄性黄蛉

3. 赤胸墨蛉蟋 *Homoeoxipha lycoides*

别　　名： 墨蛉、乌蛉

特　　征： 体型比黄蛉更纤细一些，全身黝黑发亮，前胸为暗红色，雄性前翅半透明。

生活习性： 喜阴凉的环境，常栖息在杂草丛生的叶片上，以植物的嫩茎为食，主要分布在我国的南方地区。

4. 斑腿双针蟋 *Dianemobius fascipes*

别　　名：花蛉、斑蛉

特　　征：体型较细小，仅 5 毫米，全身黑褐色，胸部和足有明显的黑白花纹，故称其为“花蛉”。

生活习性：喜欢在草地和杂草的近处生活。

捕捉方法：1. 白天用网在茅草上来回轻扫。

2. 在茅草边铺上白色的床单或布，人在茅草后用棍棒扫荡茅草，将蛉虫赶到床单上捕捉。

3. 夜间通过叫声判断它的范围，用口径稍大的玻璃瓶从它身后套。

人工饲养：1. 可用有机玻璃盒等饲养。

2. 喂食南瓜、胡萝卜、苹果、米饭，不可太湿。

3. 经常清除残余食物以及粪便。

4. 冬季要加温，可放在身上保温，夜晚放在枕头下保温。

知 识 点：应挑选体型较大的，体色鲜艳的个体，后腿应夹紧身体，腹部匀称不拖地。音质要清脆，声音因个人喜好不同，选择自己喜欢的即可。

正在摩擦双翅鸣叫的金铃子

宝塔蛉

Baotaling

宝塔蛉

分　　类： 直翅目 Orthoptera 蛣蟋科 Eneopteridae 昆虫，我国有 3 种。

别　　名： 金琵琶、土蛉，日本人称为松虫。

特　　征： 体型较大，16 毫米以上，头部和尾部尖，中间稍宽，全身黄褐色。

常见种类： 1. 云斑金蟋 *Xenogryllus marmoratus* 体长 20 毫米左右，主要分布在华东地区。

2. 大金蟋 *Xenogryllus transversus* 体长 30 毫米左右，主要分布在云南和西藏。

生活习性： 宝塔蛉喜在植物高处鸣叫，一般在雄性鸣叫的不远处就有雌性，主食植物。

捕捉方法： 1. 通过夜间叫声来捕捉。

2. 因宝塔蛉有趋光性，也可灯诱来捕捉。

人工饲养： 1. 由于宝塔蛉个体较大，可用大的玻璃缸或饲养盒饲养。

2. 可用南瓜、胡萝卜、苹果、米饭喂食，不可太湿。

3. 经常清除残余食物以及粪便。

4. 冬季要加温，可放在身上保温，夜晚放在枕头下保温。

5. 冬季可适当喂些猪肝糜等食物，增强抗寒能力。

6. 因宝塔蛉喜静，尽量少惊动它。

宝塔蛉摩擦翅膀发出鸣叫

雄性金钟

金钟

Jinzhong

分　　类： 直翅目 Orthoptera 蛣蟋科 Eneopteridae 昆虫，我国有 7 种。

别　　名： 天蛉、绿蛣蛉

特　　征： 体长 15~20 毫米，宽 5 毫米，身体两头尖中间宽，绿色或黄绿色。雄虫前翅上有褐色的脉纹，镜膜透明，较大。雌虫体型比雄虫稍大，翅脉网状，身体边缘黄色，产卵瓣长矛状。

常见种类： 1. 尾铗片蟋 *Truljalia forceps* 俗称单口金钟。雄性腹端中央缺少“*Y*”形的分叉。

2. 梨片蟋 *Trujalia hibinonis* 俗称双口金钟。与单口金钟相似，但在腹端中央有“*Y*”形的分叉。

生活习性： 后翅很发达，善飞行，一般生活在较高的树枝上，以植物为食，主要分布在我国南方地区。

捕捉方法： 因生活在树枝的高处，较难捕捉，但它的趋光性较强，可用灯光诱捕。

人工饲养： 1. 由于个体较大，可用大的玻璃缸或饲养盒饲养。

2. 用南瓜、胡萝卜、苹果、米饭喂食，不可太湿。

3. 经常清除残余食物以及粪便。

4. 冬季要加温，可放在身上保温，夜晚放在枕头下保温。

5. 冬季可适当喂一些猪肝糜等食物，帮助增强抗寒能力。

雌性金钟

马 蛉
Maling

雄性马蛉

分　　类： 直翅目 Orthoptera 蛛蟋科 Phalangopsidae 昆虫，我国有 2 种。

别　　名： 瓜子蛉

特　　征： 成虫体长 12~18 毫米，身体宽扁，像西瓜子，黑色。头小，前翅宽大，后端圆弧状。雌虫的身体比雄虫细小，前翅窄小而且有点皱。

常见种类： 日本钟蟋 *Homoeogryllus japonicus* 在我国分布较广。

生活习性： 马铃多生活在近地表的落叶中或石块下，鸣声清脆欢快，带有很浓厚的回音，深受人们的喜爱。

捕捉方法： 由于马铃大多生活在近地表的地方，较难捕捉。一般在白天听到其鸣叫后，确定其方位，然后用蟋蟀网捕捉。

人工饲养： 1. 由于马铃个体较大，可用空间大的玻璃缸或饲养盒饲养。

2. 可用南瓜、胡萝卜、苹果、米饭喂食，不可太湿。

马蛉张开着双翅

3. 保持湿度，经常清除残余食物和粪便。
4. 冬季要加温，可放在身上保温，夜晚放在枕头下保温。
5. 冬季可适当喂些猪肝糜等动物性食物，帮助增强抗寒能力。

知 识 点：随着鸣虫文化的不断发展，与其相关的另一种文化也随之壮大，那就是虫器文化。“工欲善其事，必先利其器”，所以围绕着鸣虫饲养，许多器具也就应运而生，同时，随着社会的发展，虫具制作也越来越精细，材料也越来越考究，有陶瓷、竹木、塑料、葫芦、牛角、象牙、金属和有机玻璃等。这些虫具除了饲养鸣虫之外，本身也有收藏价值。

雌性马蛉的腹端中间有黑色长矛状产卵瓣，两侧有白色的尾须。

竹 蛉
Zhuling

在透明的前翅下可见雄性竹蛉折叠起来的后翅

分　　类：直翅目 Orthoptera 树蟋科 Oecanthidae 昆虫，我国有 5 种。

特　　征：体型细长，约 13 毫米，全身乳白色。头和胸部较小，雄性前翅较长，后端宽圆，镜膜很大，透明，内有一条脉纹。雌性产卵瓣呈长矛状，黑色。

常见种类：黄树蟋 *Oecanthus rufescens* 主要分布在我国的南方地区。

生活习性：以植物的叶片为食。白天躲藏于叶片的背面，夜晚爬上叶片鸣叫，声音有些低沉。

捕捉方法：1. 白天扫网可以捕捉。

2. 夜晚闻其鸣叫，用网捕捉。

人工饲养：1. 可用空间大的饲养盒饲养。

2. 可用南瓜、苹果、米饭喂食，不可太湿。

3. 保持湿度，经常清除残余物。

4. 冬季要加温，可贴身保温，夜晚放在枕头下保温。

5. 冬季可适当喂些猪肝糜等动物性食物，帮助增强抗寒能力。

知 识 点：雄性不但会用歌声来吸引雌性，而且还在胸部的背面长有一个腺体，释放出一种信息素，并且分泌一些“美食”液体来吸引雌性。当雌性听声而来，又闻到有美味食物时，会情不自禁地爬到雄性身体上面，取食分泌物。

蝼蛄

蝼蛄

Lougu

分　　类： 直翅目 Orthoptera 蝼蛄科 Gryllotalpidae 昆虫，我国有 5 种。

别　　名： 土狗、拉拉蛄

英 文 名： mole crickets

特　　征： 成虫体长 15~40 毫米不等，北方的种类个体较大。头小，圆锥形；胸部较大，卵圆形；前足端部有片状的齿，如同铲子，适宜在土中挖洞。前翅短，雄性能发音，但发音镜膜不完善，雌虫产卵瓣退化。

常见种类： 1. 东方蝼蛄 *Gryllotalpa orientalis* 个体小，北方、南方都有分布。

2. 单刺蝼蛄 *Gryllotalpa unispina* 个体大，主要分布在北方地区。

生活习性： 常栖息于平原、盐碱地以及沿河低湿地带，特别是沙壤土和多腐殖质地区。蝼蛄在土中挖洞生活，有趋光性，夜间活动，咬食植物根茎，为农业害虫。成虫和若虫均善游泳，雌性有护卵哺幼习性。

捕捉方法： 灯光诱捕。

人工饲养： 1. 在缸内铺半米左右的多腐殖质的沙壤土。

2. 在土上种些豆苗或撒播一些种子。

3. 4~5 天喷一次水，保持湿度。

知 识 点： 1. 蝼蛄是一种中药。

2. 蝼蛄是很好的饲料，在农村经常用它们喂养鸡鸭。

竹节虫

Zhujiechong

后足折断后重新长出的足芽，下次蜕皮后就形成完整的后足。

分　　类：竹节虫目 Phasmatodea 昆虫，我国有二百多种。

别　　名：竹竿虫

英 文 名：stick insects

特　　征：成虫体长 30~300 毫米不等，竹枝状，绿色或褐色。头小，腹部长，前足喜欢贴着头部前伸，与身体呈一直线。

常见种类：细颈竹节虫 *Sipyloidea sipylus* 分布在我国西南地区和浙江、海南。

生活习性：以植物为食，多生活在树丛中，由于身体形状与树枝相似，较难发现。

捕捉方法：竹节虫主要靠扫网捕捉，有时受到震动会自动掉落地面，因此用竹棒敲打树丛让它自显其身也是一种捕捉的好方法。

人工饲养：1. 在玻璃缸内铺层泥土，将竹节虫放入其中。

2. 由于竹节虫没有自相残杀的习性，因此数量可多可少。

3. 用蔷薇科植物的嫩枝叶喂食。

4. 冬季要加温。

知 识 点：1. 竹节虫是著名的拟态昆虫，身体的形状和颜色模拟周围的生存环境，借以保护自己。一些种类雌性和雄性的个体大小有很大的差异。

2. 若虫阶段有一种特别的本领，能断肢再生。当它因为各种原因，足被折断或脱落后，断

模仿成树叶的叶子虫（中间偏下部分）

正在交尾的竹节虫，细小的是雄性，粗大的是雌性。

肢处的细胞会进行分裂，在下次蜕皮时重新长出来。

3. 竹节虫的自我保护方式除了“拟态”以外，还有左右摆动恐吓对方、假死和警告方式。警告时会将腹部翘起来，后翅如同扇子般地张开，使自己的身体瞬间扩张几倍，同时，后翅上有很大的红色、黑色或蓝色的眼斑来警告对方。
4. 体型一般分为两种：一是棒状，如同树枝，称之为竹节虫；另一种呈扁平，如同树叶，称之为叶子虫。叶子虫腹部宽扁，前翅如同半张叶片，还有叶脉，左右前翅并在一起，就组成了一张完整的叶片。叶子虫是我国珍稀昆虫种类。
5. 金平巨树竹节虫是我国最长的昆虫种类，体长 260 毫米。

正在蜕皮的竹节虫，乳白色部分是蜕下的皮。

书虱

Shushi

书虱

分　　类： 啮虫目 Psocoptera 书虱科 Liposcelidae 昆虫，我国有二十多种。

别　　名： 啮虫

英 文 名： booklice

特　　征： 体小，扁平。

常见种类： 嗜卷虱啮 *Liposcelis bostrychophila* 成虫体长 1~2 毫米，柔弱，多数无翅，无尾须。

生活习性： 多见于家居和仓库中，取食动植物标本、干果、书籍、纸张等。

捕捉方法： 将家中的睡席或旧书等在深色的纸张上来回拍打，或用吸尘器吸后倒在深色的纸张上用小吸管收集。

人工饲养： 1. 在玻璃缸内放些陈旧的书籍和旧的睡席。

2. 将啮虫放入其中即可。

3. 冬季要保暖加温。

知 识 点： 1. 席子上书虱的消灭方法：用刚烧开的热水在席子的正反面上下来回浇透，并放在太阳下暴晒。

2. 书上书虱的防治方法：可用胡椒或是香樟叶放在书橱中，可防治书虱。

虱子吸血

虱 子

Shizi

分　　类： 虱目 Anoplura 虱科 Pediculidae 昆虫，我国有2种。

别　　名： 吸虱

英 文 名： human lice

特　　征： 体小，扁平，没有翅，口器为特化的刺吸式。足短，有爪，没有尾须。

常见种类： 体虱 *Pediculus humanus* 成虫体长3毫米左右，灰黄或淡棕色，刺吸式口器，钩形巨爪能牢固地抓住毛发。

生活习性： 寄生在人体体表，吸血为生，传播流行性斑疹、伤寒等疾病。

捕捉方法： 直接可用手从毛发上捋下来。

知 识 点： 将衣服放在开水里煮，并剃去头发毛发可除虱。

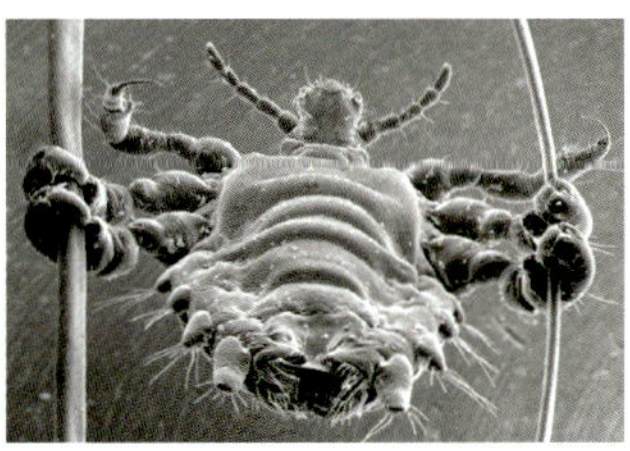

虱子的足可以握住毛发

蝉
Chan

蜕皮一般从背面的中部开始

分　　类： 同翅目 Homoptera 蝉科 Cicadidae 昆虫，我国有 200 种。

别　　名： 知了、唐蜩

英 文 名： cicadas

特　　征： 体型有大有小，有黑有绿，翅透明，口器如同一根吸管，专门吸取植物的汁液。除了有两只黑色的复眼外，还有三只红色透明的小眼。雄性的腹部有发音器，也称“响板”，其鸣声即由此发出，腹部常空，如同一只巨大的音箱。雌虫无发音器，故被称为“哑板”，产卵管长矛形。

前脚中间黑色针状物是口器

常见种类：

1. 黑蚱蝉 *Cryptotympana atrata* 体长约为 40 毫米，全身漆黑。叫声单调，在炎热的夏季整日可听到它的叫声，使人烦躁不安。但这几年由于水泥地代替了泥地，蚱蝉的生活环境遭到很大的破坏，叫声日渐稀少，使炎热的夏季又缺少了一些生机。
2. 蟪蛄 *Platypleura kaempferi* 也称皮皮虫，体长 20~25 毫米，身体宽扁，头部、胸部绿色，胸部有黑色斑纹，腹部黑色。前翅褐色，有大小不等的斑纹。
3. 鸣鸣蝉 *Oncotympana maculaticollis* 体型中等，体长约为 30~40 毫米，头部、胸部和腹

部以黑色为主，有绿色斑纹，腹端如同瘤状。前后翅几乎无色透明，叫声大而洪亮。

4. 红蝉 *Huechys sanguinea* 俗称红娘子，体型较小，体长为20毫米左右，头部和胸部黑色，腹部血红色，前翅黑色不透明，后翅淡褐色半透明。

蝉将卵产在植物的表皮下

雄蝉（右侧）的腹面中间有发音器官，雌性没有。

生活习性：多生活在高大植株上，以吸食树汁为生。雌性用产卵瓣切开植物的表皮，将卵产在表皮内，卵孵化后就钻入土中过冬。待第二年的春夏之交，雨水过后，就钻出土面，爬上树枝进行蜕皮。

捕捉方法：主要有两种：一是用竹竿顶端套上塑料袋，慢慢靠近树枝上的蝉进行捕捉，或者是用有黏性的物体黏附蝉的身体；二是捕获若虫，在夜晚用手电在树干上寻找。

人工饲养：蝉的食物为植物汁液，因此饲养难度较大，多数情况下是用绳子将蝉系住后放在室外的树干上。

知 识 点：1. 蝉在古代是吉祥、高雅的象征。经常将玉雕成的蝉挂在身上，有时也将它作为一种殉葬品放入死者口中，祈求死者能顺利地升入天堂。

2. 蝉还是一道美味的菜肴，在山东省，每年都有大量蝉的幼虫上市，人们将它们在水中漂洗干净后，放入油锅中炸至金黄，放上各种调料拌着吃；另一种吃法是将成虫的胸部取下，用火直接烧烤后，沾盐和酱油吃，因为胸部的肌肉非常细嫩。

3. 蝉蜕下的皮称为“蝉蜕”，是一种中药。

4. 成语有“螳螂捕蝉，黄雀在后”、“金蝉脱壳”、“噤若寒蝉”。

叶 蝉
Yechan

黑尾叶蝉

分　　类： 同翅目 Homoptera 叶蝉科 Cicadellidae 昆虫，我国有 1000 种。

英 文 名： leaf hoppers

特　　征： 体型小，触角刚毛状，前翅革质，后足小腿有两列刺毛。

常见种类： 华凹大叶蝉 *Bothrogonia sinica* 成虫体长 10~15 毫米，黄绿色，头部和胸部有黑色圆点，前翅翅端 1/3 处黑色。

生活习性： 以吸管吸食植物汁液为生，危害水稻、茭白、小麦、大麦等作物。

捕捉方法： 白天可扫网，晚上可灯诱捕捉。

人工饲养：
1. 在大的玻璃缸内种植些禾本科植物，如水稻等。
2. 将叶蝉放入其中。
3. 经常将植物放在太阳下进行光合作用。
4. 冬季要加温。

知 识 点： 许多叶蝉能传播上百种植物病毒病，是农业上的大害虫。

一些种类的叶蝉有鲜艳的色彩

蜡蝉

Lachan

鼻蜡蝉

头部前端膨大处夜间能发光

分　　类：同翅目 Homoptera 蜡蝉科 Fulgoridae 昆虫，我国有 20 种。

英 文 名：fulgorid bugs

特　　征：成虫体长 20~30 毫米，许多种类颜色美丽，身体和翅上有粉状白蜡，头圆形，前后翅发达，翅脉网状。

斑衣蜡蝉

常见种类：1. 斑衣蜡蝉 *Lycorma delictula* 成虫体长 20 毫米左右，前翅灰色有黑色斑点，后翅红色有蓝黑斑，危害椿树及其他果树。

2. 龙眼鸡 *Fulgora candelaria* 成虫体长 20 毫米左右，蜡黄色，头部向前极度延伸，呈圆棍状，有白色蜡点，前翅黄绿色网格状，有许多不规则的蜡黄色斑纹点，后翅红色。危害龙眼和荔枝等果树。

生活习性：常生活在果树的树干上，吸食汁液。受惊吓后会展示鲜艳的后翅恐吓对方。

捕捉方法：发现蜡蝉后，用捕虫网从其头部上方朝下扫网。

人工饲养：多数情况下用绳子将蜡蝉系住，将其放在室外的寄主上饲养。

龙眼鸡

蚧壳虫

Jiekechong

雌雄蚧虫形态不一样，雄性蚧虫有翅。

分　　类： 同翅目 Homoptera 蚧亚目 Coccomorpha 昆虫，我国有 1000 种。

英 文 名： scale insects

特　　征： 体型较小，雌性没有翅，没有复眼，有蜡质包裹体表，雄性通常有翅。

常见种类： 1. 吹绵蚧 *Icerya purchasi* 雌成虫身体被其分泌的绵团状蜡粉所遮盖。主要危害柑橘、油桐、苹果、梨等林木和果树。

2. 红腊蚧 *Ceroplastes rubens* 雌成虫圆形隆起，中央有白点，紫红色。危害柑橘、茶、桑、腊梅等多种植物。

3. 草履蚧 *Drosicha corpulenta*：雌成虫卵圆形，约 10 毫米，有蜡粉，危害柑橘、梨树等多种植物。

草履蚧

生活习性： 雌性成虫活动较弱，一般固定在植物上，吸食植物汁液，雄性成虫不取食，寿命短。有些种类能孤雌生殖，多数种类是农林业害虫。

捕捉方法： 雄性飞行较慢，可用网或用较湿的纸张捕捉，雌性只要将有蚧壳虫的树枝剪下即可。

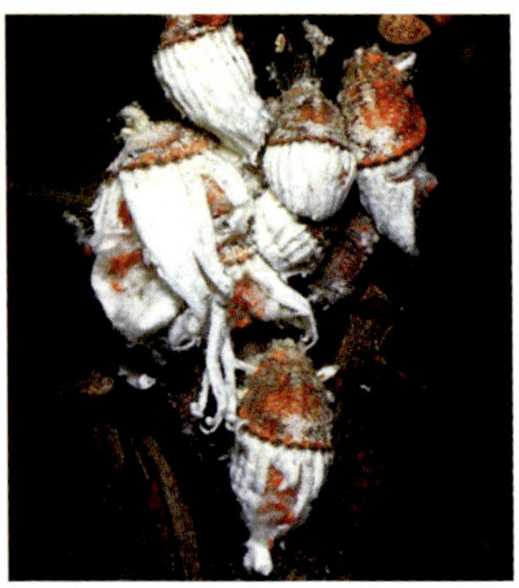

吹绵蚧

人工饲养： 将有蚧壳虫的树枝插在有水的瓶中就可以饲养。

知 识 点： 蚧壳虫中有一些种类是重要的工业原料，如从红蚧和洋红蚧中提取胭脂红，作为染料。从白蜡蚧中可以提取白蜡，因是中国特产，也称“中国蜡”。从紫胶蚧中可提取紫胶。

蚜虫尾部分泌的蜜露

蚜 虫

Yachong

分　　类： 同翅目 Homoptera 蚜亚目 Aphidomorpha 昆虫，我国有几百种。

英 文 名： aphids

特　　征： 体小，成虫体长 1~4 毫米左右，卵圆形，口器刺吸式，有翅或无翅。

常见种类： 1. 夹竹桃蚜 *Aphis nerii* 身体黄色，危害夹竹桃。

2. 桃蚜 *Myzus persicae* 危害桃、李等果树。

生活习性： 常群居在一起，吸食植物柔嫩部分的汁液，是重要的农业和园林害虫。

捕捉方法： 由于蚜虫的身体非常柔软，对于没有翅的蚜虫可用湿毛笔捕捉，有翅的蚜虫可用吸管捕捉。

人工饲养： 将有蚜虫的树枝插在有水的广口瓶中就可饲养。

知 识 点： 1. 可进行无性繁殖。

2. 触角上有许多感觉器。

3. 尾部可以分泌蜜露，吸引蚂蚁舔食并保护自己。

有翅蚜和无翅蚜

群聚在一起的蚜虫

蚜虫和保护自己的蚂蚁在一起

蝽 象

Chunxiang

身体中间三角形部分称为小盾片，两侧的红黑色区域是翅的革质部分，身体后端黑色区域是翅的膜质部分。

分　　类：半翅目 Hemiptera 蝽科 Pentatomidae 昆虫，我国有三百多种。

别　　名：打屁虫、臭大姐

英 文 名：stink bugs

特　　征：成虫体椭圆形，背面较平，口器刺吸式，翅一半革质，一半膜质，多数种类有臭味。

常见种类：1. 麻皮蝽 *Erthesina fullo* 成虫体长 20 毫米左右，体背黑色散布有杂乱的白色小点，从头部中间开始有条白色的纵纹一直延伸到身体中间，足上有白斑，能散发臭味。

2. 赤条蝽 *Graphosoma rubrolineata* 成虫体长 10 毫米，身体赤色，有黑色的纵条纹从头部一直延伸到尾部，头部两条，胸部六条，胸部以下四条。

赤条蝽

生活习性：成虫和若虫均吸食多种植物汁液，许多种类为重要的农林业害虫。

捕捉方法：白天扫网可捕捉，有时也可直接用瓶从虫体的背面套上去。

人工饲养：1. 多用围有窗纱的养虫笼饲养。

2. 笼内要种植其寄主植物。

3. 将采集的个体放入笼内。

4. 冬季要加温。

刚孵化的蝽象，白色的是卵壳，顶端有供若虫爬出的卵帽。

5. 平时要多晒太阳，利于植物的生长。

知 识 点： 1. 蝽象中有种叫“九香虫”的，是中国的特有种类，也是传统的中药材，可治疗外伤和肝病。

2. 蝽象中有种叫“人面蝽”的，它的身体倒过来看就像人脸。

像人脸的人面蝽

蝽象的若虫

猎蝽

Liechun

猎蝽正用喙管吸食甲虫的体液

分　　类： 半翅目 Hemiptera 猎蝽科 Reduviidae 昆虫，我国有 400 种。

英 文 名： assassin bugs

特　　征： 成虫多为长条型，外表坚硬，口器刺吸式，腹部有部分裸露，足细长。

常见种类： 环斑猛猎蝽 *Sphedanolestes impressicollis* 成虫体长 18 毫米左右，身体黑色光亮，有黄色环斑，前足、中足和后足的大腿有两至三个环斑，头部尖长，胸部前端形成两个半球形。

白点猎蝽成虫

生活习性： 主要吸食小昆虫的体液，多生活在植物上。

捕捉方法： 白天扫网可捕捉，有时也可直接用瓶从虫体的背面套上去。

人工饲养： 1. 在玻璃缸内铺土，上面放置一些树枝。

2. 以面包虫或小蟋蟀、小蜘蛛等喂食。

3. 经常清理食物的残渣。

4. 夏季注意喷水，冬季要加温。

知 识 点： 猎蝽为益虫，可以帮助人类防治害虫。

刚羽化出来的白点猎蝽

猎蝽若虫集体捕食毛虫

盾蝽的小盾片非常发达，几乎盖住了整个腹部，一些种类还有鲜艳的色彩。

盾 蝽

Dunchun

分　　类： 半翅目 Hemiptera 盾蝽科 Scutelleridae 昆虫，我国有 40 种。

英 文 名： shield bugs

特　　征： 身体卵圆形，背面隆起，许多种类有鲜艳的花斑，翅被小盾片覆盖。

常见种类： 1. 油茶宽盾蝽 *Poecilocoris latus* 成虫体长 20 毫米左右，橙黄色，有蓝黑斑纹，头部黑色，胸部四角四个蓝黑斑，胸部下面有多个镶有橙色边缘的蓝黑斑。危害茶树、油茶树等。

2. 丽盾蝽 *Chrysocoris grandis* 成虫体长 20 毫米左右，黄棕色，头部有黑色纵纹，胸部一个黑斑，胸部下面有三个“品”字形黑斑。危害板栗和苦楝树。分布在我国的华南地区。

生活习性： 成虫和若虫生活在植物上，均吸食植物的汁液，有群居性。

捕捉方法： 白天扫网可捕捉，也可直接用瓶从虫体的背面套捕。

人工饲养： 1. 多用围有窗纱的养虫笼饲养。

2. 笼内种植其寄主植物。

3. 将采集的个体放入笼内。

4. 冬季要加温。

5. 平时多晒太阳，利于笼内植物生长。

盾蝽若虫

盾蝽保护自己的卵和刚孵化的若虫

水 黾

Shuimin

水黾在水面上形成的波痕

分　　类：半翅目 Hemiptera 黾蝽科 Gerridae 昆虫，我国有七十多种。

别　　名：滑水虫

英 文 名：water striders

特　　征：成虫体长 2~35 毫米不等，身体细长，灰色或黑褐色，没有翅，身体有不会被水浸湿的软毛。前足短，用于捕捉猎物，中、后足细长，有很长的毛，末端特化，使身体的重量均匀地分散在水面上，并利用水的表面张力在水面上快速滑行。

常见种类：圆臀大黾蝽 *Aquarius paludum* 体长 10 毫米，身体有银色毛，头顶有黄褐色“*V*”字斑。

生活习性：几乎终生生活在水面上和溪流、池塘的静水里，个别种类生活在海面上。吸食掉落水面的小昆虫，卵块产在水下的植物上或植物茎干里。

生活在水中的水黾

捕捉方法：用网在水中捕捉，但要注意，此类昆虫非常灵敏，捕虫网应在远处慢慢入水，轻轻靠近后再

快速撩起。

人工饲养： 1. 要有较大的一片水域，水面上可放些植物的茎干。

2. 以小昆虫如蜻蜓、蝴蝶等投放水中喂食，2~3 天一次。

3. 温度降低时要加温。

4. 经常清理水面。

知 识 点： 水黾依靠水面的“波纹讯号”来通讯联系，因为它的足上有感觉器官，能探测水面的细微震动，如落水昆虫的挣扎、同伴的警告和异性的呼唤。

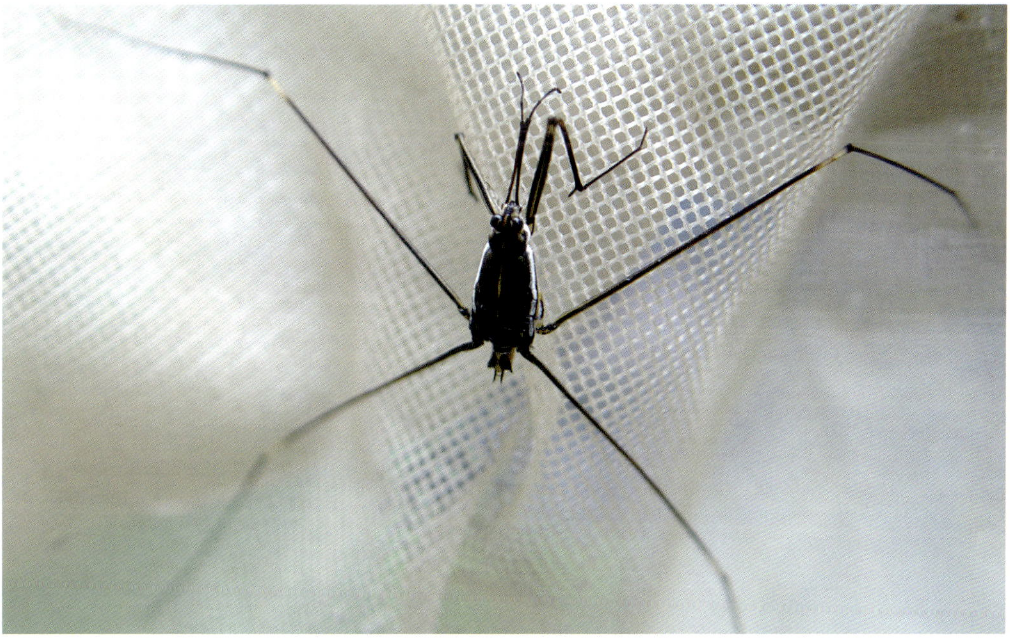

捕虫网中的水黾

蝎 蝽

Xiechun

蝎蝽身后长长的细管是它的呼吸管

分　　类： 半翅目 Hemiptera 蝎蝽科 Nepidae 昆虫，我国有十多种。

别　　名： 水蝎子、水螳螂

英 文 名： water scorpions

特　　征： 成虫体长 15~45 毫米，深褐色，有翅但不善飞行。前足粗大，可以捕捉猎物，中、后足细长，为步行足。腹部末端有长长的呼吸管。

常见种类： 1. 卵圆蝎蝽 *Nepa chinensis* 体长约 40 毫米，身体宽扁，腹端呼吸管细长，约 40 毫米。

2. 小螳蝎蝽 *Ranatra unicolor* 体长约 25 毫米，身体细长，腹端呼吸管长约 15 毫米。

生活习性： 多生活在静水中，不善游泳，一般在水草上爬行。吸食小型的水生动物，如水蚤、孑孓、鱼苗等。

捕捉方法： 用网在水中捕捞。

人工饲养： 1. 可用鱼缸饲养，底部铺以小沙石。

2. 种植水草，水草一般要到达水面的位置。

3. 将水蚤、孑孓投放水中喂食，2~3 天喂食一次。

4. 冬季要加温。

5. 经常清理鱼缸。

知 识 点： 蝎蝽一般是头部朝下，用尾部的呼吸管伸出水面进行呼吸。

田 鳖

Tianbie

田鳖捕食小型青蛙

分　　类： 半翅目 Hemiptera 负子蝽科 Belostomatidae 昆虫，我国有 2 种田鳖。

别　　名： 桂花蝉、水知了

英 文 名： giant water bugs

常见种类： 大田鳖 *Lethocerus deyrollei* 成虫体长 50 毫米以上，长圆形，略扁平，深褐色，是最大的蝽类昆虫。前足有锋利的单爪，善于捕捉猎物，中、后足略扁，用以划水。尾部有呼吸管。

生活习性： 生活在静水中，在水草上静伺猎物，捕食凶猛，能捕食青蛙和小鸟。

捕捉方法： 用网在水中捕捞，也可用夹有诱饵的枝干来诱捕。

人工饲养： 1. 可用鱼缸饲养，底部铺以小沙石，鱼缸顶部用纱网覆盖。

2. 种植较粗大的水草。
3. 以小鱼、蝌蚪投放水中喂食，一次投食不可太多，2~3 天一次。
4. 冬季要加温。
5. 幼虫孵化后，要移至别的鱼缸内，否则会相互残杀。
6. 经常清理鱼缸。

知 识 点： 大田鳖在我国南方（如广东地区）是一种美味佳肴，一般先放入水缸内空养几天，然后放进冷水锅里煮沸，捞出清洗后将翅、足除去，或油炸或卤水。

田鳖产卵

负子蝽
Fuzichun

雄性负子蝽身上背负着自己的后代

分　　类： 半翅目 Hemiptera 负子蝽科 Belostomatidae 昆虫，我国有 3 种。

英 文 名： giant water bugs

特　　征： 身体呈流线型，淡褐色。后足细长，善于划水。

常见种类： 日本负子蝽 *Diplonychus japonicus* 体长 20 毫米，头部尖，前足特化为捕捉足。

生活习性： 多生活在静水中，吸食小型水生动物。

捕捉方法： 用捞网在水中捕捞，也可在靠近池塘、河流的地方点灯，利用它有强烈的趋光性来捕捉。

人工饲养： 1. 用鱼缸饲养，底部铺以小沙石，鱼缸顶部用纱网覆盖。

2. 鱼缸内种植水草。

3. 以小鱼、蝌蚪投放水中喂食，一次投食不可太多，2~3 天一次。

4. 冬季要加温。

5. 经常清理鱼缸。

知 识 点： 雌性将卵整齐地产在雄虫的身体表面，由雄性随身照顾，直至后代孵化出来，因此称为“负子蝽”，是昆虫中的模范父亲。

螳蛉的前足如同铡刀一样

草 蛉

Caoling

分　　类： 脉翅目 Neuroptera 草蛉科 Chrysopidae 昆虫，我国有二百四十多种。

别　　名： 日本称为蜻蛉

英 文 名： lacewings

特　　征： 体型中到大型，多为绿色，复眼半球形突出，有金属光泽，翅宽大透明，翅脉网状，身体有臭味。

常见种类： 大草蛉 *Chrysopa septempunctata* 成虫体长 15 毫米左右，头部有黑色斑纹，最少两斑，最多有七斑。

生活习性： 成虫和幼虫均食蚜虫为生，多见于植物上，冬季也见于室内白墙上。

捕捉方法： 在有蚜虫的植物上可以找到，除了用网捕捉外，还可以用瓶直接套。

人工饲养：

1. 用有纱网的玻璃缸饲养，缸内放置树枝。
2. 采集有蚜虫的树枝放入缸内喂食，也可以用人工配置的饲料喂养。
3. 冬季要加温。

知 识 点：

1. 卵多产在叶片的背面，且有细长的丝相连，卵在丝的端头，这样可避免被其他昆虫咬食。
2. 幼虫比较丑陋，而且食量惊人，有“蚜狮”之称。
3. 草蛉的近亲还有螳蛉，身体基本与它相似，但前足为铡刀状，如同螳螂，所以称为“螳蛉”。

草蛉产卵

草蛉捕食蚜虫

蝶角蛉

Diejiaoling

蝶角蛉的触角端部膨大

分　　类： 脉翅目 Neuroptera 蝶角蛉科 Ascalaphidae 昆虫，我国有 30 种。

别　　名： 长角蛉

英 文 名： owlflies

特　　征： 身体较粗，翅宽大，有鲜艳的花纹，外观像蜻蜓，触角端部膨大，像蝴蝶的触角，复眼大而突出，头部和胸部密生长毛，飞行速度很快。

常见种类： 黄花蝶角蛉 *Ascalaphus chinensis* 体长约 25 毫米，翅展 50 毫米左右，翅色鲜黄。

生活习性： 以捕食其他昆虫为生。

捕捉方法： 日间可用扫网捕捉，晚间可灯诱捕捉。

人工饲养： 1. 用有纱网的玻璃缸饲养，缸内放置树枝。

2. 采集有蚜虫的树枝放入缸内喂食。

3. 冬季要加温。

知 识 点： 1. 卵呈纵排产在枝条上，多达数十粒。

2. 近亲的还有蚁蛉，蚁蛉的幼虫称为“蚁狮”，身体粗壮多毛，有长长的上颚（牙），生活在松软的沙土中。会做成漏斗状的陷阱，自己在陷阱底部中央，捕食滑落到陷阱中的蚂蚁等小昆虫。

蚁狮长有长长的大牙（上颚）

蚁狮藏身的坑穴

虎甲色彩鲜艳，头部有发达的上颚。

虎 甲

Hujia

分　　类：鞘翅目 Coleoptera 虎甲科 Cicindelidae 昆虫，我国有一百二十多种。

别　　名：拦路虎、引路虫、骆驼虫

英 文 名：beetles

特　　征：成虫体长 10~25 毫米不等，具有鲜艳的金属光泽，鞘翅有条纹或斑点。复眼大而外突，上颚（牙）上有齿。幼虫身体呈“S”形，腹部背面有一个带钩的突起，捕猎时可以勾住洞穴，防止被猎物拖出洞外。足爪尖锐，适于掘土。

常见种类：1. 中华虎甲 *Cicindela chinensis* 体长 20 毫米左右，胸部金绿色，翅深蓝色，每侧鞘翅上有一个小黄斑，靠近尾部也有三个黄斑，其中两个相互连接。

2. 金斑虎甲 *Cicindela aurulenta* 每侧鞘翅上有一个小黄斑，三个大黄斑，中间一个大黄斑最大。主要分布在我国南方地区。

虎甲捕食蚂蚁

生活习性：成虫、幼虫均为捕食性，捕食其他小昆虫或小动物。大多数种类生活于地面，少数树栖，一

虎甲的幼虫腹部中间生有带钩的突起

般出现在道路或沙滩上。阳光下最活跃，有时在路面短距离低飞，行动迅速。因为有一对令人恐惧的上颚牙，常如饿虎扑食般地捕捉小动物，所以有“虎甲”之称。

捕捉方法：白天用捕虫网捕捉或在野外挖虎甲的幼虫。

人工饲养：1. 由于虎甲的成虫活动区域大，善于飞行，一般主要饲养幼虫。

2. 在玻璃缸内铺上10厘米厚的压紧泥土，放入幼虫。

3. 在它自己挖掘的洞口周围放蚂蚁、面包虫等活体。

4. 冬季要加温。

5. 及时清理食物残渣。

国家二级保护动物拉步甲

步 甲

Bujia

分　　类： 鞘翅目 Coleoptera 步甲科 Carabidae 昆虫，我国有一千七百多种。

别　　名： 步行虫

英 文 名： ground beetles，carabid beetles

特　　征： 成虫体长 1~60 毫米不等，多为黑色，一些种类颜色亮丽，复眼突出，触角细长，上颚尖长，向内弯曲，鞘翅表面多有刻点或是瘤突，足细长，适宜行走。

常见种类：

1. 拉步甲 *Carabus lafossei* 体长 40 毫米，色彩鲜艳，有些个体金绿色，有些带有金红色，鞘翅绿色或蓝紫色，表面有三排黑色的长瘤状突起，有金属光泽。
2. 硕步甲 *Carabus davidi* 头部为黑色，胸部紫色，鞘翅金绿，后部有红色光泽。
3. 广屁步甲 *Pheropsophus occipitalis* 俗称放屁虫，体长 15 毫米左右，头部、胸部黄褐色。头顶有黑斑，鞘翅黑色，各有两个黄斑，并有七条纵隆脊，受到惊吓时会从尾部放出一种化学混合物。

生活习性： 成虫不善飞行，多在地面活动，行走敏捷。白天隐藏于落叶层、树皮下或洞穴中。有趋光性和假死现象。成虫、幼虫多以捕食蚯蚓、蜘蛛等小动物为生。

疑步甲的幼虫

尾部喷射化合物的放屁虫

鞘翅上有瘤突的疤步甲

捕捉方法： 白天用网捕捉或是用装有诱饵的瓶子诱捕。

人工饲养： 1. 在玻璃缸内铺上泥土，上面加些落叶和小瓦片。

2. 可用面包虫、蟋蟀等喂食，有时也可以用果冻。

3. 冬季要加温。

知 识 点： 1. 我国的《野生动物保护法》中，有两种步甲被列为国家二级保护动物：拉步甲和硕步甲。巴黎博物馆就曾以600到4000法郎的价格收购拉步甲属甲虫。

2. 步甲中有种叫叶琴步甲 *Mormolyce phyllodes* 也称琴虫，全身黑色，扁平，鞘翅两侧向外平伸，形状如同提琴或是扇子。当它遇到敌害时会喷出一种雾状的液体，有强烈的臭味，喷到眼睛会有一种灼痛感。在19世纪，巴黎博物馆曾以1000法郎购买此虫。它主要分布在东南亚国家的热带雨林中。

鞘翅像扇子的叶琴步甲

硕步甲

龙虱身体流线型，后足可在水中划水，称为游泳足。

龙虱

Longshi

分　　类： 鞘翅目 Coleoptera 龙虱科 Dytiscidae 昆虫，我国有二百三十多种。

别　　名： 海陆空

英 文 名： predacious diving beetles

特　　征： 成虫体长 2~45 毫米不等，身体光滑，呈流线型，身体暗绿色或褐色，腹面褐色。后足扁平，长毛，有划水作用。雄性前足有膨大的吸盘，能在交配时吸住雌性的身体背面。幼虫为白色的长条状，生活在水中，性情凶猛。

常见种类： 黄边大龙虱 *Cybister japonicus* 体长 40 毫米左右，绿褐色，边缘黄色。

生活习性： 多生活在溪流、湖泊和池塘中，捕食小型水生动物。

身后的气泡可供龙虱在水中呼吸

捕捉方法： 用网在水中捕捞，或利用它的趋光性，在靠近池塘、河流有灯光的地方捕捉。

人工饲养：

1. 在鱼缸底部铺小沙石，用泥土做成斜坡，顶部用纱网覆盖。
2. 缸内种植粗大的水草。
3. 以小鱼、面包虫等投放水中喂食，一次投食量不可太多，两天一次。

龙虱捕食面包虫

4. 缸内不能饲养很多龙虱，不然会自相残杀。

5. 冬季要加温。

6. 经常清理鱼缸。

知 识 点： 1. 龙虱在鞘翅下面携带空气，以便在水中呼吸，一旦氧气消耗殆尽，需要返回到水面上，然后翻身朝下，露出尾部，再次携带空气回到水中，因此经常可以看到龙虱的尾部会携带一个气泡。

2. 龙虱在我国南方（如广东地区）也是一种美食，将它的鞘翅去除后油煎，味道非常鲜美。

雄性龙虱的前脚可像吸盘一样吸住雌性光滑的身体，便于交尾。

埋葬甲
Maizangjia

正在动物尸体上工作的埋葬虫

分　　类： 鞘翅目 Coleoptera 埋葬甲科 Silphidae 昆虫，我国有 50 种。

别　　名： 埋葬虫

英 文 名： carrion beetles

特　　征： 体长 10~30 毫米，身体平扁光滑，触角最后三节膨大，胸部宽大，鞘翅后缘平直，翅上有时有三条纵脊，或有明亮的色斑。

常见种类： 红斑尼葬甲 *Nicrophorus vespilloides* 体长约 25 毫米，黑色，鞘翅上有两个不规则的黄斑。

生活习性： 多以动物尸体为食，有时在动物尸体下、尸体内爬行和取食，有时雌性产卵于动物尸体中，然后与雄性一起“埋葬”尸体，为其后代提供了充足的食物和较为安全的生活环境。

捕捉方法： 白天在动物的尸体上采集，或利用动物尸体诱捕。

人工饲养： 难度较大，需要动物尸体以及较深的泥土层。

知 识 点： 在自然界中，每天都会产生大量的动物尸体，埋葬虫以动物的腐尸为食。虽然它们聚集在动物尸体上的样子让人很不舒服，但它们帮助自然界及时清除了这些动物尸体，维护了环境的清洁，是自然界中的“清洁工”。

锹 甲

Qiaojia

大锹甲

分　　类： 鞘翅目 Coleoptera 锹甲科 Lucanidae 昆虫，我国有一百多种。

英 文 名： stag beetles

特　　征： 体型较大，身体扁圆，多褐色或黑色，雄性头部大，有发达的角状上颚，胸部横宽，鞘翅发达。

常见种类： 1. 巨扁锹甲 *Serrognathus titanus* 体长 30~70 毫米，全身黑色光亮，上颚较长，前端向内弯曲，基部有一个较大的齿突，中间有许多很小的齿突，近端部有两个中等的齿突。雌性上颚非常短小，胸部侧缘的中央也有一个小齿。

2. 中华奥锹甲 *Odontolabis sinensis* 体长 30~50 毫米，全身除鞘翅外为黑色，光亮，鞘翅的外围土黄色，雄性上颚较长，内缘的近基部、中部和端部有三个较大的齿突。雌性上颚宽短。复眼的后部有一个齿突，胸部后端也有一个齿突。

3. 福运锹甲 *Lucanus fortunei* 体长约为 30 毫米左右，赤褐色。头部有压痕，雄性上颚向下、向内弯曲，内缘的中央和端部有两个较大的齿突，其余为细小的齿突，雌性上颚较小，复眼的前面有一个齿突，三对足的大腿有土黄色的长条纹。

深山锹甲

生活习性：成虫以树汁为生，幼虫则生活在树干内，以木质为食，身体呈粗大的蛴螬状。

捕捉方法：1. 在倒伏或枯死的树木中寻找幼虫。

2. 在流淌汁液的树干上直接用网或手捕捉。

3. 利用趋光性进行灯诱。

人工饲养：1. 在玻璃缸内铺上木屑。

2. 不能在一个容器中同时饲养多只雄性锹甲。

3. 将苹果、桃子、香蕉切成小块状喂食。

4. 冬季要加温。

5. 要保持一定的湿度，不要放在阳光直射的地方。

知 识 点：雄性锹甲利用长长的上颚进行角斗，直到将对手掀翻在地。

扁锹甲

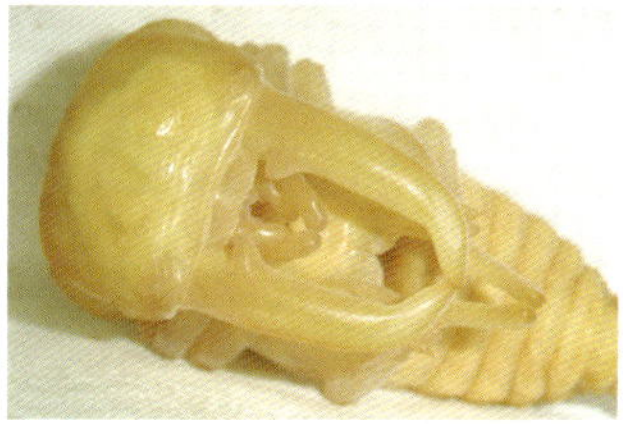

锹甲的蛹

锹甲的幼虫

雄性锹甲角斗

屎壳郎
Shikelang

推粪球

分　　类：鞘翅目 Coleoptera 金龟科 Scarabaeidae 昆虫。

别　　名：蜣螂、推粪虫

英 文 名：dung beetles

特　　征：体型较大，身体厚实，头部扁平，背部和腹部隆起，形成推土机状。

常见种类：神农洁蜣螂 *Catharsius molossus* 体长约为 30 毫米，全身黑色，头部扁平，中部有一个向上弯曲的角突，胸部隆起，与头部形成推土机状，两侧各有一个小的角突。

生活习性：成虫和幼虫均以动物粪便为食，它们用头部铲形的部位切割粪块，加工成粪球。然后推着粪球滚动至选好的地方，在粪球中产一粒卵。幼虫孵化后，吃住在粪球中，直至羽化为成虫。成虫夜间活动，有强烈的趋光性，但处理粪球和埋葬工作则在白天进行。

捕捉方法：主要靠诱捕，利用它对粪便的特殊爱好来吸引它，同时在采集时多注意地上的粪便。

人工饲养：1. 在玻璃缸内铺 10 厘米厚的土层，放置新鲜的动物粪便。

2. 在缸内会自己取食，不要多惊动它。

3. 冬季要加温。

幼虫以粪球为食

知 识 点：1. 在上世纪 80 年代，澳洲的畜牧业相当发达，家畜的粪便到处都是，将牧草覆盖，草场牧草的生长受到很大的影响。于是，澳大利亚农业部特别派昆虫专家来到上海，由我国专家陪同采集了大量的神农洁蜣螂带回澳洲进行繁殖和野外释放，几年工夫就将这个难题解决了。

2. 古埃及人认为它是一种非常神圣的动物，经常将它作为一种饰物佩戴在身上，用以辟邪。
3. 象粪蜣螂 *Heliocopris dominus* 体型肥大，长约为60毫米，是世界上最大的蜣螂，分布在我国的云南省以及东南亚国家，主要生活在大象的粪便中。

屎壳郎制作粪球

独角仙
Dujiaoxian

独角仙

分　　类： 鞘翅目 Coleoptera 犀金龟科 Dynastidae 昆虫。

英 文 名： giant hercules beetles

特　　征： 体型大，雄性头部、胸部有强大的角突或其他突起，雌性则有小的突起。

常见种类： 1. 双叉犀金龟 *Allomyrina dichotoma* 体长 30~60 毫米，全身赤褐色，雄性头部长有一个向上弯曲的分叉的角，胸部中央有一个较小的略微向下弯曲的小角，顶端也是分叉，雌性头部和胸部都没有角。

2. 细角尤犀金龟 *Eupatorus gracilicornis* 体型较大，体长约为 60 毫米，宽约为 30 毫米。头部和胸部黑色，中央有一个很长的向上向内弯曲的角突。胸部共有四个角突，向下弯曲，中间两个较小，侧面两个较长。鞘翅土黄色，两鞘翅在腹部中央的汇合处黑色，是国内珍贵的犀金龟品种，有很高的收藏价值。主要分布在我国的云南和西藏。

雄性南洋犀金龟争斗

生活习性： 幼虫在地下危害农作物和林木的根，成虫有很强的趋光性。

捕捉方法： 1. 在倒伏或枯死的树木中寻找幼虫。

2. 在流淌汁液的树干上直接用网或手捕捉。

3. 利用趋光性进行灯诱。

人工饲养： 1. 在玻璃缸内铺上木屑。

2. 不能在一个容器中养多只雄性独角仙。

3. 将苹果、桃子、香蕉等切成小块状喂食。

4. 冬季要加温。

5. 要有一定的湿度，不要放在阳光直射的地方。

独角仙的蛹

独角仙的幼虫

知 识 点： 1. 双叉犀金龟为国家二级保护动物。

2. 亚洲最大的南洋犀金龟 *Chalcosoma caucacus* 体型很大，长约150毫米，全身漆黑光亮。雄性头部有一个向上弯曲的角突，胸部的两侧各有一个向内弯曲的角突。南洋犀金龟的角突左右对称，极为雄伟，是热带亚洲最大的犀金龟，为甲虫中的精品。

3. 世界最大的长戟犀金龟 *Dynastes hercules* 体型很大，长约180毫米。头部和胸部黑色光亮。头部中央长有一个向上弯曲的角突。胸部中央也长有一个向下弯曲的角突，胸部的角突长达80毫米。鞘翅颜色变化较大，有乳白色、黄色和深褐色等。长戟犀金龟是世界上最大的甲虫，是昆虫收藏中的珍品。种名 *Hercules* 是希腊神话中的大力士，主神宙斯的儿子。据说此虫力大无比，上下角突可以轻易地将坚硬的果壳戳碎。主要分布在中美洲和南美洲。

长戟犀金龟

金龟子

Jinguizi

丽花金龟

分　　类： 鞘翅目 Coleoptera 金龟总科 Scarabaeoidea 昆虫，我国有一千多种。

英 文 名： scarabs

特　　征： 身体坚硬，头较小，触角端部几节向前延伸呈鳃片状，胸部大，前翅为鞘翅，后翅发达善于飞行，前足小腿上有齿。

常见种类： 1. 铜绿丽金龟 *Anomala corpulenta* 体长 25 毫米左右，全身铜绿色。

2. 黄粉鹿花金龟 *Dicranocephalus wallichi* 体长 20 毫米左右，体表有黄绿色的粉末。雄性头部有鹿角状的角突，前足较长，小腿外侧有小齿。

3. 白星花金龟 *Protaetia brevitarsis* 体长 20 毫米左右，有古铜或青铜色光泽，体表散布众多不规则白绒斑。

4. 暗黑鳃金龟 *Holotrichia parallela* 体长 25 毫米左右，身体黑褐色有光泽，体表散布众多刻点，鞘翅上有纵脊。

丽花金龟幼虫

生活习性： 幼虫多生活在土中，称为蛴螬，咬食农作物的根部，为农业害虫，成虫取食多种植物的花、果、叶等，吸食汁液。

捕捉方法： 可用扫网方式捕捉，也可灯诱捕捉。

人工饲养： 1. 在玻璃缸内铺营养土，将成虫或幼虫放入。

白星花金龟

2. 可用梨、苹果等水果喂食，果冻也可以。

3. 冬季要加温。

知 识 点： 阳彩臂金龟 *Cheirotonus jansoni* 是国家二级保护动物，属珍稀昆虫。体长约为40~60毫米，鞘翅暗绿色，并有黄色斑纹，前足特别长，雄性尤其细长，可超过身体的长度，雄性前足的大腿基部有一个齿突，小腿略微弯曲，内缘中央有刺，近端部还有一个更长的刺。

茶色长臂金龟

吉丁虫
Jidingchong

吉丁虫成虫

分　　类： 鞘翅目 Coleoptera 吉丁虫科 Buprestidae 昆虫，我国有四百多种。

别　　名： 溜皮虫

英 文 名： jewel beetles

特　　征： 体型中等，两头尖，中间宽，头部很小，隐藏在胸部下面，鞘翅长，到端部逐渐收狭。

常见种类： 绿点肥吉丁 *Sternocera aequisignata* 体型中等，全身墨绿色，闪着金属光泽，胸部有密集的刻点，鞘翅极其光滑，基部各有一个小白点。

生活习性： 成虫食叶、嫩芽和树皮，有趋光性和假死性。

捕捉方法： 利用吉丁虫有假死的习性，可用力敲打树枝震落捕捉。

人工饲养： 1. 在玻璃缸内放些树枝。
2. 以嫩芽和花蕾喂食。
3. 冬季要加温。

知 识 点： 一些吉丁虫色彩艳丽，经久不变，因此在南美洲，许多妇女将它串在一起，制成项链或耳环佩戴。

各种吉丁虫，中间绿色的为绿点肥吉丁。

用吉丁虫翅膀做成的项链

叩头虫

Koutouchong

叩头虫胸部的后角尖锐

分　　类： 鞘翅目 Coleoptera 叩甲科昆虫 *Elateridae*，我国有六百多种。

别　　名： 叩甲、跳板虫、金针虫

英 文 名： click beetles

特　　征： 身体细长，胸部的后角尖锐，胸部腹面有一个突起延伸到两足中间，幼虫头尖体细像针，因而被人们称为金针虫。

常见种类： 1. 细胸叩甲 *Agriotes subvittatus* 身体细长，黑褐色，胸部的后角尖锐，胸部腹面有一个突起延伸到两足中间。

2. 狭丽叩甲 *Campsosternus elongatus* 体型较大，体长约为 30 毫米，全身蓝绿色，胸腹部两侧有紫色的金属光泽，头部中央凹陷，有刻点。胸部的后端有两个齿突，鞘翅有金属光泽，端部尖锐。狭丽叩甲为我国特有的美丽昆虫，主要分布在四川、云南和西藏。

生活习性： 幼虫生活在土壤中，咬食种子、幼苗，成虫咬食花芽或树皮。白天伏在树干上，有趋光性。

捕捉方法： 利用趋光性灯诱。

人工饲养： 1. 在玻璃缸内放置些树枝。

2. 用嫩芽和花蕾喂食。

3. 冬季要加温。

知 识 点： 用手捉住它的身体，胸部和腹部会不停地上下摩擦，如同磕头，发出“咔嗒、咔嗒”的声音，如果将它腹面朝上放在地上，它还会立即蹦跳起来，翻过身来，所以称之为叩头虫。

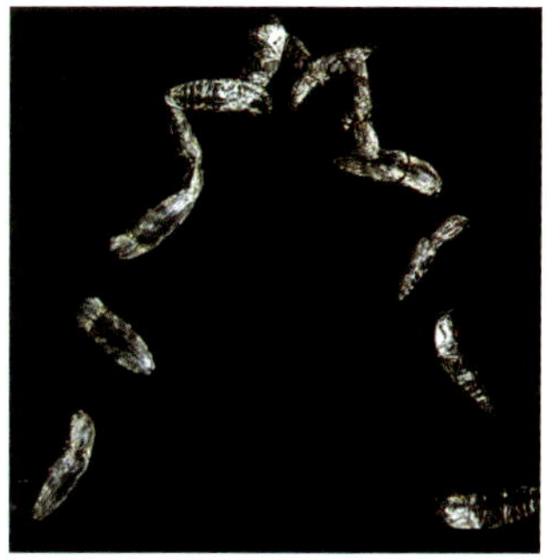

叩头虫的弹跳过程

萤火虫

Yinghuochong

萤火虫

分　　类： 鞘翅目 Coleoptera 萤科 Lampyridae 昆虫，我国有八十多种。

别　　名： 夜照、流萤、耀夜

英 文 名： fireflies

特　　征： 身形扁平细长，头较小，体壁和鞘翅较柔软，头隐藏在宽大的胸部下面，雄虫触角较长，大多有翅，雌虫无翅，腹部末端有发光器，可发出荧光。

常见种类： 窗胸萤 *Pyrocoelis analis* 体较小，扁平，头黑色，胸部半圆形，黄色，鞘翅黑色，边缘黄色有小刻点，三对足黑色。

生活习性： 喜食蜗牛、蚯蚓等小动物，多生活在水边或温暖潮湿的地方。

捕捉方法： 白天可网捕，在河流和溪边的灌木上都能捕捉到。夜间利用它发光的习性用网捕或用瓶子套。

人工饲养：

1. 在玻璃缸内铺 2~3 厘米沙子，并挖出一个水塘，再在沙子上铺 5~7 厘米腐殖土，种些杂草，插些枯树枝。
2. 一缸可多养几只萤火虫。
3. 每隔 2 天将活蜗牛放入，供其食用。
4. 冬季要加温。

知 识 点：

1. 萤火虫夜间活动，卵、幼虫、蛹和成虫均能发光。雌性比雄性发光强，多为黄绿色，南美洲的一些种类有发赤光和绿光两种。

2. 萤火虫发光的目的是雌雄相互联络，雄虫循着雌虫所发出的光来与雌虫交配。
3. 雄性腹部末端两节和雌性末端一节可以发光。
4. 萤火虫发光是通过呼吸使腹部的发光物质“荧光素”在酶的作用下，与三磷酸腺苷发生反应而发光。由于它发光时几乎不产生热量，所以作为一种冷光源而受到人类的重视。
5. 国外科学家已经成功地将荧光素置入烟草中，使烟草在夜间也能发出微弱的荧光。
6. “囊萤夜读”的故事也与萤火虫有很密切的关系，相传晋朝车胤的家境十分贫寒，买不起点灯的油，但他非常好学，于是每当夏季来临，他就去捕捉许多的萤火虫，将它们放入囊袋中，用它们的荧光做照明，用功读书。后人常用这个典故来形容某人发奋苦读。
7. 台湾的嘉义县乐野村就发生过萤火虫大发生的奇观。每当夜晚来临，近十万只萤火虫，在夜空中漫天飞舞，荧光将大地照映得清清楚楚，村民行走山路根本不用手电。在新西兰也有一个著名的萤火虫洞。

萤火虫的幼虫

腹部发光的萤火虫

瓢虫

Piaochong

各种花纹的异色瓢虫

分　　类： 鞘翅目 Coleoptera 瓢虫科 Coccinellidae 昆虫，我国有 700 种。

别　　名： 花大姐

英 文 名： ladybirds

特　　征： 体型较小，圆形或卵圆形拱起，头部很小，被胸部覆盖，鞘翅占了身体的大部分，后翅膜质，三对足细短。

植食性的茄二十八星瓢虫

常见种类： 1. 七星瓢虫 *Coccinella septempunctata* 成虫体长 6 毫米左右，身体卵圆形，头部黑色，胸部黑色，前角有二个黄色斑，鞘翅红色或橙黄色，每个鞘翅有三个半黑色圆斑，靠近胸部中央的半个黑色斑合成一个黑色大圆斑，因此称为七星瓢虫。

2. 异色瓢虫 *Harmonia axyridis* 成虫体长 7 毫米左右，卵圆形。胸部和鞘翅上的色泽和斑纹变异很大，一般在鞘翅的末端之前有横脊。

3. 茄二十八星瓢虫 *Henosepilachna vigintioctopunclata* 成虫体长 6 毫米，半球形红褐色，有黄褐色细毛。每一鞘翅上有十四个黑斑。危害茄子、马铃薯及葫芦科、十字花科等植物。

七星瓢虫捕食蚜虫

生活习性： 七星瓢虫和异色瓢虫是著名的天敌昆虫，成虫和幼虫均以捕食蚜虫、木虱等害虫为食。每天能捕食几百只蚜虫。茄二十八星瓢虫为著名的害虫，取食植物。

捕捉方法：在蚜虫较多的植物上都能捕捉到，可直接用手捉或瓶子套。

人工饲养：1. 在玻璃缸内放置一个小口水瓶。

2. 将有蚜虫的植物插在水瓶子里，再放入成虫或是幼虫。
3. 每天更新有蚜虫的植物，并清理饲养缸。
4. 成虫和幼虫最好分开饲养。
5. 冬季要加温。

知 识 点：植食性的瓢虫多为害虫，而肉食性的瓢虫多为天敌昆虫，能帮助人类消灭害虫，并且不污染环境。

龟纹瓢虫取食蚜虫

瓢虫的幼虫正在取食

瓢虫捕食蚜虫，蚂蚁保护蚜虫，二者为此争斗。

天 牛
Tianniu

左侧的桑天牛正在咬食树皮

分　　类： 鞘翅目 Coleoptera 天牛科 Cerambycidae 昆虫，我国有二千二百多种。

英 文 名： longhorn beetles

特　　征： 体型变化很大，体长从 4 毫米到 70 毫米不等。颜色也多种多样，头部突出，复眼发达，因为触角着生位置的影响，所以复眼为肾形，触角很长，分成许多节。有些种类的触角上还长有毛，胸部较长，一般边缘有刺或瘤，鞘翅很坚硬，有些还有花纹。

幼虫在树干取食，并形成隧道。

天牛头部黑色的是复眼

常见种类：

1. 星天牛 *Anoplophora chinensis* 体长 19~40 毫米，黑色带白斑，有光泽，触角黑白相间，鞘翅基部有小突点。幼虫食橘、苹果、梨等果树。
2. 桑天牛 *Apriona germari* 体长 50 毫米左右，体披黄褐色绒毛，鞘翅基部有许多黑色突点。危害枇杷、杏、苹果、梨等树木。
3. 桃红颈天牛 *Aromia bungii* 体长 35 毫米左右，体黑色，有光亮，胸部红色，两侧有尖突。危害桃、李、梅、杏、樱桃等果树。
4. 中华薄翅天牛 *Megopis sinica* 体长 30~50 毫米，头赤褐色，鞘翅淡褐色，有纵脊，三对足深褐色。幼虫蛀食杨、柳、榆等树干。
5. 大山锯天牛 *Callipogon relictus* 体型较大，

体长约为100毫米左右，全身棕红色，头部突出，胸部两侧有较尖的锯齿，有六个大小不等的黄斑。大山锯天牛为我国天牛中的最大种类，主要分布在我国的黑龙江省。

6. 木棉天牛 *Diastocera wallichi* 体型较大，体长约为40毫米左右，全身绿色，带有金属光泽，腹面有红色绒毛。触角长，有三丛黑色的毛缨。胸部的前后缘有红色绒毛，鞘翅上有三列黑色横斑。木棉天牛是我国天牛中最美丽的一种，主要分布在广东、广西和云南，危害木棉。

天牛羽化为成虫后从树干孔爬出

生活习性： 幼虫一般生活在树木的茎干中，用坚硬的牙齿咬碎木头，钻入其中，所以幼虫多为农林业上的害虫。

捕捉方法： 用塑料袋从后面捕套。幼虫则要在树干上有粉末状的潮湿树屑中寻找，刮去树屑，从虫洞中能钩出幼虫。

人工饲养： 幼虫饲养方法：

1. 在玻璃缸内铺湿锯末。
2. 将幼虫放入其中。
3. 保持湿度。
4. 冬季要加温。

桃红颈天牛的胸部是鲜红色的

知 识 点： 1. 相传在很久以前，天上一位神仙的座骑仙牛因羡慕凡间的生活，私自下凡来到人间。神仙知道后来捉拿它，仙牛无处躲藏，最后藏在树干之中，才得以逃脱。所以，天牛的幼虫至今仍然生活在植物的茎干中。

2. 南美洲奇异的长颚天牛 *Macrodontia cervicornis* 体长约为 120 毫米。头部较大，褐色，中央有黑色条纹，只达鞘翅的一半，上颚非常强壮，如两把弯刀向前方伸出，内缘有细小的刺突，胸部褐色，中央有黑色花纹，边缘也有刺突，鞘翅黄色，有黑色的花纹，足褐色。长颚天牛主要分布在南美洲，属于珍稀昆虫。南美的土著人将它作为勇士的化身，只有那些身体强壮、作战勇敢的猛士或头领，才能将它的形状纹身在自己的胸前，作为一种荣誉的象征。

3. 世界上最大的大力神天牛 *Titanus giganteus* 体形巨大，体长达 130 毫米，全身深褐色。头部较大，上颚弯曲，胸部有刻点，边缘有刺，鞘翅上也有刻点。大力神天牛是世界上最大的天牛，分布在南美洲，属于珍稀昆虫。*Titan* 是古希腊神话中的一个巨神，叫“泰坦”，是曾经统治世界的巨人族的一员。

星天牛的鞘翅基部有突起的小点

叶甲

叶 甲

Yejia

分　　类：鞘翅目 Coleoptera 叶甲科 Chrysomelidae 昆虫，我国有一千五百多种。

别　　名：金花虫

英 文 名：leaf beetles

特　　征：身体卵圆形，背面突出，体色鲜艳或有金属光泽，身体一般很光滑。

常见种类：中华萝摩叶甲 *Chrysochus chinensis* 体长 10 毫米左右，全身紫色有光泽，鞘翅上有刻点。

生活习性：成虫、幼虫均为植食性，以叶子和花为食。

捕捉方法：扫网采集，有时候也可以用瓶子直接套。

人工饲养：1. 玻璃缸内铺土，放些植物的树枝。

2. 用嫩叶和花蕾喂食。

3. 经常清洁，更换食品。

4. 冬季要加温。

知 识 点：幼虫在遇到危险时，身体两侧会向外突出许多晶莹的水疱，威吓对方。

叶甲的幼虫

幼虫受到惊吓后身体两侧会形成液泡

象 甲
Xiangjia

大竹象正在取食

分　　类： 鞘翅目 Coleoptera 象甲科 Curculionidae 昆虫，我国有一千二百多种。

别　　名： 象鼻虫

英 文 名： weevils

特　　征： 身体表面常粗糙有粉状物，头部向前延伸成喙，触角末端三节膨大，鞘翅包裹腹部。

常见种类： 1. 米象 *Sitophilus oryzae* 体小，约 5 毫米，深褐色，鞘翅上有淡色花纹，身体表面粗糙，头部向前延伸成喙。多见于粮库和家居中的米缸内。

2. 大竹象 *Cyrtotrachelus longimanus* 体长 20~30 毫米，深褐色，胸部光滑有黑色斑，鞘翅上有对称的纵纹，前足和中足的小腿略弯。多见于竹林，也危害甘蔗。

危害粮食的米象

生活习性： 成虫、幼虫均为植食性，动作缓慢，有假死性。

捕捉方法： 扫网采集。

人工饲养： 1. 直接在玻璃缸内饲养。

2. 用麦麸喂食，大竹象可用竹笋和甘蔗喂食。

3. 经常清洁，更换食品。

4. 冬季要加温。

象甲的口器形成长长的喙管

知 识 点： 家中的米缸内若有象甲，可以将米放在微波炉中微波杀灭它。传统的胡椒和大蒜瓣也有防虫的效果。

蛾蠓
Emeng

白斑蛾蠓

分　　类： 双翅目 Diptera 蛾蠓科 Psychodidae 昆虫，我国有 100 种。

别　　名： 蛾蛉、蛾蚋

英 文 名： moth flies

特　　征： 体小，身体形状似蛾，触角有毛，身体有鳞毛，后翅退化。

常见种类： 白斑蛾蠓 *Telmatoscopus albipunctatus* 成虫体长 3 毫米左右，灰褐色，身体有长毛，翅宽，翅面有不明显的白色细小斑点，中间有两个分开的黑色斑点，我国长江以南都有分布。

生活习性： 生活在居家附近或户外厕所、水沟处，羽化后的成虫大多就近停在墙壁上。

捕捉方法： 可直接用瓶子套。

蚊 子
Wenzi

正在交尾的大蚊

分　　类： 双翅目 Diptera 蚊科 Culicidae 昆虫，我国有三百六十多种。

英 文 名： mosquitoes

特　　征： 身体纤细，体表有鳞片，触角有环毛，雄虫触角羽毛状，口器刺吸式，前翅狭长，后翅退化成平衡棍，三对足细长。

常见种类： 1. 白纹伊蚊 *Aedes albopictus* 也称花脚蚊子，成虫体长 4 毫米左右，胸部褐色有白色的纵纹，腹部黑白相间，足上有白环。

2. 中华按蚊 *Anopheles sinensis* 成虫体长 5 毫米左右，灰褐色，胸部有不明显的五条纵纹。

生活习性： 成虫多在黄昏和夜间活动，幼虫则生活在水中。

捕捉方法： 可用扫网和灯诱捕捉。

人工饲养： 1. 在玻璃缸内放清洁的水，将卵直接放入孵化。

2. 用特制的酵母菌喂食。

3. 羽化为成虫后，用小白鼠的鲜血喂食。

知 识 点： 1. 雌性蚊子吸血，雄性多食花蜜或露水。

2. 能传播登革热、乙脑等多种疾病。

3. 幼虫也称“孑孓”，生活在水中，羽化时漂浮在水面，羽化后雌性要吸血后才能产卵，卵产在水中。

4. 日本科学家根据蚊子口器的结构，研发出了给儿童打针用的无痛注射器。

5. 成语有“聚蚊成雷”。

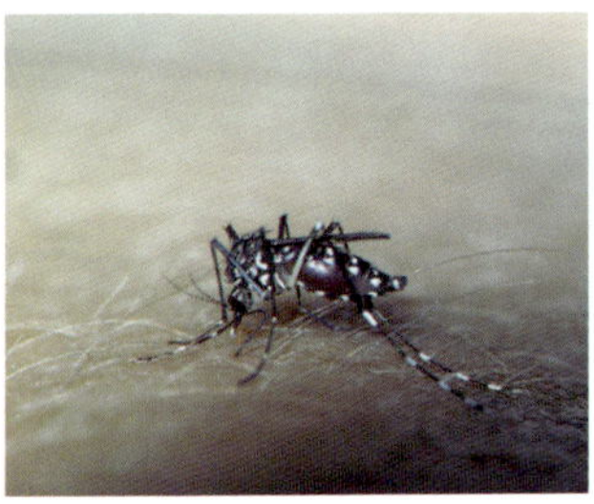

白纹伊蚊在吸血

蚊子的幼虫孑孓

牛虻

牛 虻

Niumeng

分　　类： 双翅目 Diptera 虻科 Tabanidae 昆虫，我国有500种。

英 文 名： horse flies，deer flies

特　　征： 身体粗壮，头大，半球形，复眼很大，触角有芒，刺吸式口器。

常见种类： 华广虻 *Tabanus amaenus* 成虫体长20毫米，灰褐色，胸部黑色有黄毛和三条纵纹，足黑色，腹部黑褐色至灰黑色，每节有黄色的三角形斑纹。

生活习性： 成虫白天活动，午时为活动高峰，善飞翔，能将牛马等牲畜的皮肤刺穿，吮吸其血液，有时也攻击人类和其他动物。

捕捉方法： 用网捕捉，但要注意保护自己。

知 识 点： 1. 牛虻能传播多种人畜疾病，也是重要的畜牧业害虫。

2. 虻也是一种中药材，有破淤消肿作用。

食蚜蝇

Shiyaying

分　　类：双翅目 Diptera 食蚜蝇科 Syrphidae 昆虫。

英 文 名：hover flies，flower flies

特　　征：身体似蜜蜂，光滑有软毛，常有黄色条纹。

常见种类：黑带食蚜蝇 *Episyrphus balteatus* 成虫体长 10 毫米左右，体黄色伴有黑条纹。

生活习性：成虫常在花上活动，食花粉和花蜜，幼虫以蚜虫为食。

捕捉方法：扫网采集。

人工饲养：1. 在玻璃缸内铺土，插上有蚜虫的树枝即可。

2. 冬季要加温。

正在交尾的食蚜蝇，左侧复眼相连，张开翅膀的是雄性，右侧复眼相离的是雌性。

果蝇

果蝇

Guoying

分　　类： 双翅目 Diptera 果蝇科 Drosophilidae 昆虫。

英 文 名： pomace flies，vinegar flies

特　　征： 体小，多黄色，复眼有光泽，多红色，胸部和腹部有条纹或斑点。

常见种类： 黄猩猩果蝇 *Drosophila melanogaster* 成虫体长 2 毫米左右，黄褐色，腹部有黑色条纹。

生活习性： 成虫喜欢腐烂的发酵味，幼虫以腐败物中的酵母为食。

捕捉方法： 用腐烂的水果诱捕。

人工饲养： 在小瓶中放些烂水果，放入果蝇，瓶口用纱布扎紧即可，冬季要加温。

知 识 点： 果蝇是遗传学研究的常用材料，它繁殖快，周期短，容易人工饲养。

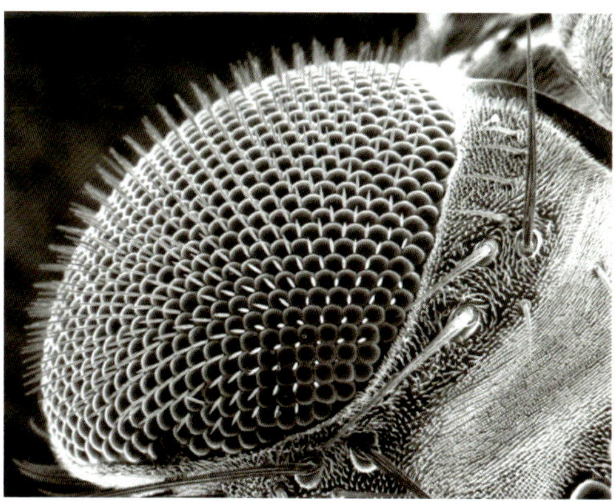

果蝇的复眼

苍 蝇

Cangying

丽蝇

分　　类： 双翅目 Diptera 蝇总科 Muscoidea 昆虫，包括丽蝇、麻蝇、家蝇等。

英 文 名： 丽蝇 blow flies，麻蝇 flesh flies，家蝇 house flies

特　　征： 头部半球形，复眼大，雄性复眼常相连，雌性复眼相隔较远，触角有芒状，口器舐吸式，胸部饱满，前翅发达，后翅退化成平衡棍。

常见种类： 1. 丝光绿蝇 *Lucilia sericata* 体长 7 毫米左右，金绿色，有光泽。多出现在住宅周围，雌性喜欢在伤口和尸体上产卵。

2. 大头金蝇 *Chrysomyia megacephala* 俗称红头苍蝇，成虫体长 10 毫米左右，蓝绿色，有光泽，复眼巨大，红色。

3. 黑尾黑麻蝇 *Helicophagella melanura* 体长 10 毫米左右，灰色，胸部有三条黑色纵纹，腹端黑色。

4. 家蝇 *Musca domestica* 体长 6 毫米左右，胸部有四条黑色纵纹，腹端黑色。

苍蝇复眼白色部分是触角

大头金蝇

生活习性： 多出现在厕所、垃圾和粪堆周围，幼虫喜欢生活在粪坑中或尸体上。

捕捉方法： 可网捕，或用有血味、鱼腥味的诱饵诱捕。

人工饲养： 1. 在玻璃缸内铺土 10 厘米，放入蝇蛆。

2. 将腐烂的肉或人工合成的含有动物粪便和糠

麻蝇

的饲料喂养。

3. 每天清理玻璃缸。

4. 冬季要加温。

知识点： 1. 苍蝇是四大害虫之一，一只苍蝇的身体表面可携带 600 万个细菌，能传染伤寒、霍乱、结核以及痢疾等病。

2. 蝇蛆因为体内具有抗菌肽，能有效保护自己生活在恶劣的环境中而不被感染，人类已提取这种抗菌肽来治疗疾病。

3. 一些苍蝇有传粉作用，能分解粪便或尸体。日本科学家已成功地将苍蝇用来处理鸡、牛、猪等家畜粪便，还能从中制造饲料和堆肥。

4. 蝇蛆可以帮助医生清理伤口，并加速伤口愈合。目前无菌蝇蛆已经在英国的医院进行临床应用，清理感染的褥疮。

5. 人类破案时也可借助苍蝇。因为苍蝇总是最先到达尸体产卵，法医根据当时的气温和尸体上苍蝇的种类以及发育程度可以大致推算出死亡的时间。

6. 成语有“青蝇吊客”、“以冰致蝇”、“蝇头小利”、“蝇营狗苟”。

取食鸟类尸体的蝇蛆

跳 蚤

Tiaozao

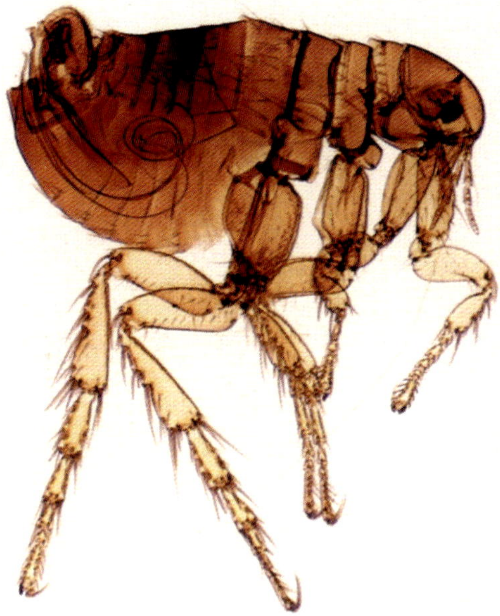

跳蚤

分　　类： 蚤目 Siphonaptera 昆虫，我国有六百四十多种。

英 文 名： fleas，chigoes

特　　征： 体表坚硬，多刚毛，侧扁，口器刺吸式，没有翅，后足发达，善于跳跃。

常见种类： 人蚤 *Pules irritans* 成虫体长 3 毫米左右，深褐色，有复眼，雄性瘦长，雌性肥大。

生活习性： 主要寄生在人和狗的身上，吸血为生，繁殖力强。

捕捉方法： 可用吸尘器在狗和猫身上捕捉。

知 识 点： 1. 传播鼠疫和伤寒，是重要的卫生害虫。

2. 惧光，对宿主体温敏感，宿主死亡后会主动离开。

3. 跳蚤曾被当成细菌战的武器。

跳蚤的蛹

蝴蝶标本

蝴 蝶

Hudie

分　　类：鳞翅目 Lepidoptera 昆虫，包括凤蝶、绢蝶、粉蝶、斑蝶、环蝶、眼蝶、蛱蝶、灰蝶、弄蝶等，我国有一千三百多种。

英 文 名：butterflies

生活习性：幼虫多在植物上生活，取食植物的叶片或果实，成虫则吸食花蜜。

捕捉方法：1. 在植物上采集幼虫或卵。

2. 直接用捕虫网捕捉飞行中的蝴蝶。

人工饲养：1. 将幼虫放在玻璃缸内，每天喂食，经常清理玻璃缸。

2. 成虫应饲养在较宽阔的围网中，种植蜜源植物供其吸食。

3. 冬季要加温。

展开双翅的蝴蝶

花丛中的蝴蝶

凤 蝶

Fengdie

国家一级保护动物金斑喙凤蝶

分　　类： 鳞翅目 Lepidoptera 凤蝶科 Papilionidae 昆虫，我国约有 100 种。

英 文 名： swallowtails

特　　征： 体型较大，一些种类后翅有尾突。

常见种类： 1. 樟青凤蝶 *Graphium sarpedon* 体型中等，翅黑色。前后翅正面中部有一列较大的蓝绿色斑纹。后翅边缘呈波浪状，近边缘有一列较小的蓝绿色弧斑，缺少尾突。后翅反面近身体处有一条红斑，近中央另有数条红斑。国内分布很广，幼虫危害樟树等植物。

2. 统帅青凤蝶 *Graphium agamemnon* 体型中等，翅黑色。前后翅正面有 3~4 列较整齐的黄绿色碎斑，前翅中间的碎斑较大，后翅近身体处的碎斑呈细条状，边缘呈波浪状。前后翅反面为淡褐色，黄绿色碎斑较小，后翅的中央有红色弧斑。雄性后翅尾突较短，雌性较长。

3. 碧凤蝶 *Papilio bianor* 体型较大，翅为黑褐色，前翅正面有绿色鳞片，中部至边缘有灰色条纹。后翅正面上部有蓝绿色鳞片，下部为绿色鳞片，近边缘有 6~7 个红色弧斑，边缘波浪状，尾突较长。前后翅反面与正面相似，但缺少绿色鳞片。

海伦娜闪蝶又称光明女神

青凤蝶

4. 达摩凤蝶 *Papilio demoleus* 体型中等，翅黑褐色，有黄色碎斑。前翅正面近身体处有许多小黄点，中部和近边缘处有大小不等的黄色斑。后翅正面中部有一条黄色宽带，其上端有一个蓝黑色眼状斑，近边缘有 5~6 个黄色斑和一个红色圆斑，圆斑上部蓝黑色，缺少尾突。前翅反面与正面相似，但近身体处为黄色条纹。后翅反面黄色斑较大，中部有深黄色斑纹，其余同正面。

达摩凤蝶

5. 金凤蝶 *Papilio machaon* 体型中等。翅为黑褐色，有黄色斑纹，前翅正面中部有较大的黄色斑，近边缘有较小的黄色斑；后翅正面近身体处至中部为黄色，中部以外为蓝黑色，近边缘有六个黄色弧斑和一个红色圆斑，尾突细长。前后翅反面与正面相似，但后翅中部以外的蓝黑色较窄。

雌性美凤蝶

6. 美凤蝶 *Papilio memnon* 体型较大，雌雄个体颜色差别较大。雄性翅黑色，前后翅正面有蓝紫色条纹，前翅近身体处有一个小红斑。后翅近身体处有数个小红斑，缺少蓝紫色条纹，下角部有红色环状纹，边缘波浪状，缺少尾突。雌性前翅正面灰色，有黑色条纹，近身体处有红斑。后翅中部以内为黑色，中部以外为白色，近边缘有 6~7 个黑色圆斑，边缘波浪状，缺少尾突。也有的雌性个体后翅有尾突，但边缘处有红色小斑。

后翅有蓝色斑的巴黎凤蝶

7. 巴黎翠凤蝶 *Papilio paris* 体型较大。翅为黑褐色，前后翅正面有绿色鳞片。后翅有金属光泽的蓝色斑，下角部有一个红白色的弧纹，边缘波浪状，有尾突。前翅反面中部以外有灰色条纹。后翅近边缘有七个红白色弧斑。

马来西亚的国蝶：翠叶红颈凤蝶

8. 玉带凤蝶 *Papilio polytes* 体型中等，雌雄个体色彩相差较大。雄性前后翅正面黑色，前翅边缘有小白斑，后翅中部有黄白色带，边缘波浪状，有尾突。反面似正面，但后翅近边缘有七个红色的弧斑，最后一个呈环状。雌性前翅正面中部以外有灰色条纹。后翅中部有多个白色或红色的小斑，近边缘有红白色的弧斑，最后一个呈环状，边缘波浪状，具尾突。危害柑橘等植物。

9. 蓝凤蝶 *Papilio protenor* 体型较大。雄性前后翅正面为黑色，后翅上部有黄白色带纹，下部有红色弧纹。前翅反面有灰色条纹，后翅边缘有红色的弧斑，最后一个呈环纹，缺少尾突。雌性前翅与雄性相似。后翅正面缺少黄白色带纹，下部有两个红色弧斑。

10. 柑橘凤蝶 *Papilio xuthus* 体型中等，前后翅为黄色，黑色斑纹。前翅正面有整齐的黑色条纹，近外缘有一条黑色的直带，外缘有八个黄色弧斑。后翅近外缘的黑色直纹内有数个蓝色斑，外缘的六个黄色弧斑较大，并有一个深黄色内有黑点的圆斑，有尾突。翅反面与正面相似，前翅外缘的弧斑变成直纹。后翅的黑色条纹不整齐，并有深黄色的斑点。在我国分布很广，多生活在柑橘园，危害柑橘等植物。

11. 丝带凤蝶 *Sericinus montelus* 体型中等，雌雄个体色彩稍有差异。雄性前后翅的正反面黄白色，有不规则的黑斑，后翅下部有一个红色条斑，尾突较长。雌性前后翅正反面的黑斑较大，占主要面积，后翅的红色条纹较长，外侧有蓝色斑。其他种类还有：金裳凤蝶 *Troides aeacus* 被称之为皇帝凤蝶，有很高的收藏价值。曙凤蝶 *Atrophaneura horishana*、宽尾凤蝶 *Agehana elwesi* 是

柑橘凤蝶

金裳凤蝶又称皇帝凤蝶

国家二级保护动物三尾凤蝶

我国的珍稀种类。二尾凤蝶 *Bhutanitis mansfieldi*、三尾凤蝶 *Bhutanitis thaidina* 为国家二级保护动物。中华虎凤蝶 *Luehdorfia chinensis* 是我国所特有的蝴蝶种类。金斑喙凤蝶 *Teinopalpus aureus* 是昆虫中唯一的国家一级保护动物，非常罕见，价值极高。

国家二级保护动物中华虎凤蝶

知 识 点： 1. 世界上最大的蝴蝶是亚历山大鸟翼凤蝶 *Ornithoptera alexandrae*，两翅张开可达 28 厘米，主要分布在新几内亚，国际市场上价格极为昂贵。

蝴蝶中最大的亚历山大鸟翼凤蝶

2. 1885 年，英国的博物学家 JohnMc~Gillivray 随英国皇家海军军舰前往南太平洋考察，在所罗门群岛发现了第一只维多利亚鸟翼凤蝶 *Ornithoptera victoriae*，但无法用网捕捉飞翔在高处的蝴蝶，因此用霰弹枪将其击落，这只前后翅有伤痕的蝴蝶现保存在大英博物馆。

丝尾鸟翼凤蝶又称极乐鸟凤蝶

3. 体型最漂亮的蝴蝶是丝尾鸟翼凤蝶 *Ornithoptera paradisea* 也叫极乐鸟凤蝶，是世界珍贵蝴蝶种类之一，价值不菲，主要分布在新几内亚。种名 *Paradise* 在英语中是乐园和天堂的意思。

有毒的长翅德凤蝶

4. 最毒的蝴蝶是长翅德凤蝶 *Druryeia antimahus*，是非洲的著名蝴蝶，主要分布在非洲中部和西部。虽然体态纤美，色彩艳丽，但体内含有剧毒，非洲土著人用它捕杀猎物。

5. 玉带凤蝶是传说中的梁山泊与祝英台死后所变，雄性后翅的白带象征梁山泊所佩的玉带，雌性后翅的红斑象征着祝英台所穿的红裙。

雄性（右）雌性（左）玉带凤蝶

绢 蝶

Juandie

阿波罗绢蝶的正面

分　　类： 鳞翅目 Lepidoptera 绢蝶科 Parnassiidae 昆虫，我国有三十多种。

特　　征： 体型中等，白色或蜡黄色，翅如同丝绢，有透明感，多有鲜艳的红黑圆斑。飞行缓慢，如落叶之飘落，多生活在高海拔地区。

常见种类： 1. 阿波罗绢蝶 *Parnassius apollo* 体型中等，前后翅乳白色。前翅上半部有四个黑斑，下半部有一个黑色斑。后翅近中央有两个较大的红色圆斑，斑的外圈为黑色，斑内有白色小点。阿波罗绢蝶是国家二级保护动物，属于珍贵蝴蝶种类。

2. 冰清绢蝶 *Parnassius glacialis* 体型中等，前后翅乳白色，没有鲜艳的斑点，主要分布在我国的东北地区和浙江、安徽、云南、贵州等地。

知 识 点： 目前我国将 5 种蝴蝶列入国家保护动物名录中，其中金斑喙凤蝶为国家一级保护动物。二尾凤蝶、三尾凤蝶、中华虎凤蝶、阿波罗绢蝶为国家二级保护动物。

优越斑粉蝶

粉 蝶

Fendie

分　　类： 鳞翅目 Lepidoptera 粉蝶科 Pieridae 昆虫，我国有一百三十多种。

英 文 名： sulphurs

特　　征： 体型中等，翅上多有粉质鳞片，许多种类危害十字花科植物。

常见种类： 1. 报喜斑粉蝶 *Delias pasithoe* 体型中等，前后翅正面黑色，近外缘有零星的彗星状白斑。后翅反面近身体处红色，中央有黄色斑纹，边缘黑色。报喜斑粉蝶属于较为艳丽的种类，主要分布在我国的南方地区。

2. 优越斑粉蝶 *Delias hyparete* 体型中等，属于较为艳丽的种类。前后翅正面为白色，有黑色脉纹。后翅反面为黄色，边缘红色。

3. 鹤顶粉蝶 *Hebomoia glaucippe* 前后翅正面为白色。前翅顶角为橙色，边缘黑色，有3~4 个三角形黑斑。翅反面为枯黄色，布满褐色细纹。

4. 菜粉蝶 *Pieris rapae* 翅面和脉纹白色，前翅顶角褐色，中部有两个黑色斑点。

知 识 点： 1. 大多数粉蝶的幼虫都是农业生产上的大害虫。

2. 蝴蝶与蛾子都属于鳞翅目，但二者之间还是有差别的：蝴蝶的触角如同棍棒状，一般白天活动，而蛾子触角如同羽毛状，一般在夜间活动。

鹤顶粉蝶的正面

报喜斑粉蝶的反面

菜粉蝶

黄尖襟粉蝶

斑 蝶

Bandie

一些紫斑蝶的翅有蓝色的金属光泽

分　　类： 鳞翅目 Lepidoptera 斑蝶科 Danaidae 昆虫，我国有三十多种。

特　　征： 体型中等，翅上多有艳丽色彩，一些雄性在翅上有香鳞。

常见种类： 1. 虎斑蝶 *Danaus genutia* 体型中等，前后翅正反面为深黄色。前翅正面顶角黑色，有白色斜斑纹。后翅边缘黑色，有白色的小碎斑，翅反面与正面相似，雄性后翅中部有黑色的斑。

2. 大帛斑蝶 *Idea leuconoe* 体型较大，前后翅为白色，有不规则的黑色碎斑。大帛斑蝶因数量稀少，属于珍稀蝴蝶种类，主要分布在我国的台湾。

3. 大绢斑蝶 *Parantica sita* 翅青白色，前翅脉纹棕褐色，后翅脉纹棕红色。

知 识 点： 1. 斑蝶有群居性，有时一棵树上能停几万个个体。

2. 可进行远距离迁飞，如著名的君主斑蝶，原产美洲，从加拿大、美国飞行几千公里到达墨西哥的山区越冬，我国香港和台湾也有分布。

虎斑蝶的正面

人工饲养的斑蝶

生活在我国台湾的大帛斑蝶

环 蝶

Huandie

猫头鹰环蝶的反面

分　　类： 鳞翅目 Lepidoptera 环蝶科 Amathusiidae 昆虫，我国有十多种。

特　　征： 颜色较暗，翅上有环状纹。

常见种类：

1. 箭环蝶 *Stichophthalma howqua* 体型较大，前后翅正面为黄色，边缘有金鱼形状的黑纹。翅反面中央有两条黑色细纹和五个褐色圆斑。
2. 紫斑环蝶 *Thaumantis diores* 前后翅正面为褐色，各翅中央有蓝色斑，有金属光泽。翅反面为褐色，后翅上下各有白色斑。

猫头鹰环蝶

眼蝶

Yandie

分　　类： 鳞翅目 Lepidoptera 眼蝶科 Satyridae 昆虫，我国约有 260 种。

特　　征： 翅上有醒目的眼状斑和圆斑。

常见种类： 蒙链荫眼蝶 *Neope muirheadi* 翅深褐色，边缘有隐约的黑色斑，翅反面边缘有带白点的眼斑。

知 识 点： 蝴蝶的自我保护方法主要有两种：

1. 警戒色：主要是指在蝴蝶的身上有一些鲜艳夺目的色斑。如有些蝴蝶的前后翅上具有很大的圆形黑斑，模仿一些凶猛动物的眼睛，使一些小型的鸟类或青蛙以为遇上了猫头鹰或其他大型动物，吓得不敢伤害它。
2. 保护色主要是指蝴蝶身上的颜色与它周围的环境颜色极其相似，使自己隐藏在其中，不易被发现，从而保护自己。

翅反面有眼斑的眼蝶

数字蛱蝶后翅上的图案

蛱 蝶

Jiadie

分　　类： 鳞翅目 Lepidoptera 蛱蝶科 Nymphalidae 昆虫，我国约有 300 种。

英 文 名： nymphalids

特　　征： 前足极度退化。

常见种类： 1. 斐豹蛱蝶 *Argyreus hyperbiu* 体型中等，雌雄个体颜色稍有差异。雄性前后翅正面黄色，前翅上部和中部有数个黑色斑纹，近边缘有两列黑色圆斑，边缘有数个较小的黑色星状斑。后翅中部有数个黑色条纹，近边缘有一列黑色圆斑，边缘黑色，有数个弧斑，上部的弧斑为黄色，下部的为蓝色。前翅反面与正面相似，顶角处有四个白斑。后翅黄色，有白斑和黑纹，近外缘有五个黄色圆斑，内有小白点。雌性与雄性相似，但前翅正反面各有一条白色斜条纹。

2. 黑脉蛱蝶 *Hestina assimilis* 体型中等，前后翅正反面褐色，前翅正面有黄白色的条纹。后翅有放射状的黄白色条纹，下部近边缘有 4~5 个红色圆斑，斑内有黑点。翅反面与正面相似。

3. 网丝蛱蝶 *Cyrestis thyodamas* 前后翅为白色，中央有丝状的黑纹，边缘有黄褐色的晕斑，后翅有细小的尾突。

后翅反面并拢后像一片枯叶

4. 枯叶蛱蝶 *Kallima inachus* 翅褐色，有青色光泽，前翅顶角尖，有小白点，翅中央有一条黄色斜带，后翅有一个尾突。翅反面呈枯叶色，中央有黑色条纹，如同树叶的叶脉。枯叶蛱蝶是著名的拟态蝴蝶，因其翅反面如同枯叶，在树林中极难被发现，从而很好地保护了自己。
5. 美眼蛱蝶 *Junonia almana* 体型中等，前后翅正面橙黄色，前翅上部有黑色条纹，中部有带白点黄环的黑色圆斑。后翅外有三条黑色的波状纹，中部有两个小白点的圆斑，圆斑内侧黄色，外侧黑色。前翅有时有较尖的顶角，后翅有时有尾突。翅反面因季节的变化而差异很大。
6. 琉璃蛱蝶 *Kaniska canace* 体型中等，前后翅正反面褐色。前后翅正面近边缘有一条蓝色的条纹，后翅蓝色条纹中有小黑点，前翅边缘中间内凹，后翅边缘中间有小突起。翅反面图案较模糊。
7. 二尾蛱蝶 *Polyura narcaea* 体型较大，前翅正面中部有黄白色较宽的竖纹，近边缘处有七个黄白色圆斑。后翅黄白色，近边缘处褐色条纹，有两个较尖的尾突。翅反面与正面相似，黑色较淡。
8. 黄钩蛱蝶 *Polygnia c-aureum* 翅面黄褐色，有黑斑。
9. 小红蛱蝶 *Vanessa cardui* 前翅顶角有小白斑，翅中有红黄色斑带。

知 识 点： 1. 数字蛱蝶是南美洲的特有种类，后翅反面常有“98”、“89”等数字图案，主要是模拟一些凶猛野禽的眼睛，起到一种恐吓的作用，从而保护自己。

2. 蝴蝶一生要经过卵、幼虫、蛹、成虫。

黄钩蛱蝶

枯叶蛱蝶翅膀的正面

灰蝶

Huidie

酢浆灰蝶

分　　类： 鳞翅目 Lepidoptera 灰蝶科 Lycaenidae 昆虫，我国约有 260 种。

英 文 名： hairstreaks

特　　征： 体型较小，多数种类颜色艳丽，后翅还有尾突。

常见种类： 1. 绿灰蝶 *Artipe eryx* 雄性翅黑色，有很大的金属光泽的蓝斑，雌性褐色。翅反面绿色，后翅端部有黑斑，尾突。

2. 红灰蝶 *Lycaena phlaeas* 前翅橙红色伴以黑色斑，后翅黑褐色，端部有红斑。后翅反面灰黄色，端部有红色斑。

知 识 点： 蝴蝶的取食比较特别，在幼虫阶段，它的嘴是咀嚼式的，主要咬食植物的叶片、茎干和果实。在成虫阶段，它的嘴是虹吸式的，就像一根吸管，主要吸取植物的花蜜分泌的汁液，有些蝴蝶甚至吸取动物粪便中的汁水，一生之中，要经历两种不同的取食过程。

弄 蝶
Nongdie

弄蝶

分　　类： 鳞翅目 Lepidoptera 弄蝶科 Hesperiidae 昆虫，我国有二百多种。

特　　征： 触角末端弯而尖。

常见种类： 直纹稻弄蝶 *Parnara guttata* 也称稻苞虫，翅褐色，前翅有 7~8 个半透明白斑，排列成半环形，后翅有白色透明斑四个，呈一直线排列。在我国分布很广，常危害水稻、茭白、玉米等植物。

知 识 点： 阴阳蝴蝶是在生长过程中基因的突变或其他外界的偶然影响，产生雌雄现象集中在同一个体上，就是一侧的翅有雄性图案，另一侧的翅有雌性图案，两侧的图案花纹不同。因其特殊，数量也极其稀少，备受蝴蝶爱好者的青睐。

蛾子

蛾子
Ezi

分　　类： 鳞翅目 Lepidoptera 昆虫，包括蚕蛾、灯蛾、尺蛾、枯叶蛾、刺蛾、毒蛾、夜蛾、舟蛾、螟蛾、大蚕蛾、透翅蛾、天蛾、卷蛾、燕蛾，我国有六千多种。

英 文 名： moths

生活习性： 幼虫多在寄主植物上生活，取食植物的叶片或果实，成虫吸食花蜜。

捕捉方法： 1. 在寄主植物上采集幼虫或卵。
2. 在溪流、水塘或寄主周围用捕虫网捕捉。
3. 可灯诱来捕捉。

人工饲养： 1. 幼虫放在玻璃缸内，每天用寄主植物喂食。
2. 成虫应饲养在较宽阔的围网中，放些蜜源植物供其吸食。
3. 经常清理玻璃缸。
4. 冬季要加温。

衰 蛾
Shuaie

衰蛾的囊巢

分　　类： 鳞翅目 Lepidoptera 蓑蛾科 Psychidae 昆虫。

别　　名： 吊死虫

特　　征： 雌雄异形，雌性多特化成幼虫状，生活在衰囊中，雄性有翅。

常见种类： 大窠衰蛾 *Clania variegata* 雄成虫翅展约 40 毫米，前翅红褐色。雌成虫无翅，体肥大粗壮，衰囊长 50 毫米，外表犹如碎树枝。危害果树、林木、茶树等植物。

知 识 点： 雌性衰蛾生活在自己编织的衰囊中，挂在树枝上，是喂养家禽和鸟类的好饲料。

刺蛾的幼虫

刺 蛾

Cie

分　　类： 鳞翅目 Lepidoptera 刺蛾科 Limacodidae 昆虫，我国约有 100 种。

幼虫别名： 洋辣子、刺毛虫

英 文 名： limacodid moths

特　　征： 翅短宽，幼虫身体有毛刺。

常见种类： 黄刺蛾 *Cnidocampa flavescens* 翅展 35 毫米左右，土褐色。幼虫黄绿色，背面有蓝色纵纹，毛刺长。危害悬铃木、珊瑚树、樟、茶、桑等多种植物。

知 识 点： 刺蛾的毛刺有毒，刺入皮肤后疼痒。可将幼虫碾碎，将混合的浆液涂在疼痒处即可。另外，可用胶带贴在疼痒处，轻按后揭开胶带，带出毛刺。

刺蛾的蛹壳

尺 蛾
Chie

尺蛾幼虫爬行时的样子

分　　类： 鳞翅目 Lepidoptera 尺蛾科 Geometridae 昆虫，我国约有 2000 种。

幼虫别名： 尺蠖、步曲、造桥虫

英 文 名： geometer moths

特　　征： 身体纤细，翅相对较大，有细的波浪纹。

常见种类：
1. 丝绵木金星尺蛾 *Calospilos suspecta* 翅展 40 毫米左右，翅银白色有淡褐色斑纹。危害大叶黄杨和柳树。
2. 樟翠尺蛾 *Thalassodes quadraria* 翅展 35 毫米左右，身体和翅淡绿色，危害植物有樟树、荔枝等。

知 识 点：
1. 尺蛾科是鳞翅目中种类最多的科之一。
2. 幼虫爬行时，身体弓起，如同用尺子丈量物体一般。
3. 成语有“飞蛾扑火”。

乌桕大蚕蛾

大蚕蛾

Dacane

分　　类： 鳞翅目 Lepidoptera 大蚕蛾科 Saturniidae 昆虫，我国有五十多种。

别　　名： 天蚕蛾

英 文 名： saturniid moths，atlas moths

特　　征： 最大型的蛾子，翅展约有 100~140 毫米，最大的有 210 毫米，触角宽大，呈羽毛状，翅中间有透明的斑纹。

常见种类： 1. 绿尾大蚕蛾 *Actias selene* 翅展 130 毫米左右，体粗大，有白色长毛，翅淡青绿色，后翅臀角长尾状。

2. 乌桕大蚕蛾 *Attacus atlas* 翅展 200 毫米左右，体粗大，褐色长毛，前翅顶角显著突出，体翅赤褐色，前后翅中部有较大的三角形透明斑。顶角粉红色，有半月形黑斑。危害乌桕、樟、柳。

知 识 点： 乌桕大蚕蛾是我国体型最大的蛾子，因为前翅顶角突出，像蛇头，一些地方称之为蛇头蛾，也有人误称它为中国最大的蝴蝶。

樗蚕

短尾大蚕蛾

藤豹蚕蛾

箩纹蛾
Luowene

青球箩纹蛾

分　　类： 鳞翅目 Lepidoptera 箩纹蛾蛾科 Brahmaeidae 昆虫，我国约有 10 种。

别　　名： 水蜡蛾

英 文 名： brahmaeid moths

特　　征： 体型中等，翅上有箩纹和眼斑。

常见种类： 枯球箩纹蛾 *Brahmophthalma wallichii* 翅展 150 毫米。身体黄褐色，翅上有箩纹，前翅有眼斑。

知 识 点： 美洲一些国家利用某些种类蛾子的幼虫专门取食毒品植物的特点，将它们空投到毒品植物密植区进行扫毒工作。

颗粒状物为家蚕产的卵

蚕 蛾

Cane

分　　类：鳞翅目 Lepidoptera 蚕蛾科 Bombycidae 昆虫，我国约有 30 种。

别　　名：桑蚕、白蚕

英 文 名：silk moths

特　　征：口器退化，幼虫丝腺发达。

常见种类：家蚕蛾 *Bombyx mori* 成虫体长 20 毫米，翅展 40 毫米。身体有白色的毛，前翅有横条纹，食桑叶。

知 识 点：1. 蚕茧是重要的纺织原料，可做成各种丝织品。

2. 家蚕还有药用和食用价值。僵蚕：幼虫感染白僵菌致死后的干尸，可作为中药。蚕蛹：含丰富的粗蛋白质和脂肪酸，是营养丰富的名菜佳肴。蚕沙：也就是蚕粪，有明目、祛风、燥湿的功能，常做成儿童的枕头。

3. 通过人工喂养后，能吸收彩色的无毒颜料，变成彩色家蚕，结出彩色的茧子。

4. 成语有“蚕食鲸吞”、“作茧自缚”。

刚孵化出的家蚕称为蚁蚕

各色蚕茧，左上深粉色的是通过人工饲料喂养后结的蚕茧。

家蚕和人工喂养的彩色家蚕

天 蛾
Tiane

透翅天蛾

分　　类： 鳞翅目 Lepidoptera 天蛾科 Sphingidae 昆虫，我国约有 200 种。

别　　名： 鬼脸蛾

英 文 名： hawk moths

特　　征： 体型较大，尾部尖，触角末端钩状，前翅狭长。

常见种类： 1. 霜天蛾 *Psilogramma menephron* 成虫翅展 100 毫米左右，头灰褐色，体翅暗灰色，腹部有黑色纵条纹。危害女贞、泡桐、悬铃木等多种植物。

2. 咖啡透翅天蛾 *Cephonodes hylas* 成虫翅展 50 毫米左右，身体黄绿色，腹部中间有宽的褐色环纹，翅透明。危害栀子、咖啡等植物。

知 识 点： 1. 一些种类的天蛾在胸部有鬼脸状的花纹，所以称为鬼脸蛾。

2. 咖啡透翅天蛾吸食花蜜时，喙伸得很长，而且能长时间悬空飞行，有时候被误认为翠鸟。

天蛾吸食树汁

天蛾的触角末端呈钩状

灯蛾
Denge

豹灯蛾

分　　类： 鳞翅目 Lepidoptera 灯蛾科 Arctiidae 昆虫，我国约有 300 种。

特　　征： 身体粗壮多毛，通常有红色黄色等，口器退化，幼虫有群集性。

常见种类： 1. 大丽灯蛾 *Aglaomorpha histrio* 雄性成虫翅展 80 毫米左右，雌性 90 毫米。身体黄色，前翅黑色，有多块白色斑纹，后翅黄色，有多块黑色斑纹。

2. 红缘灯蛾 *Amsacta lactinea* 雄性成虫翅展 50 毫米左右，雌性 60 毫米。头、胸部白色，腹部黄色有黑色环纹，翅白色，前翅边缘红色，后翅有黑色斑纹。

知 识 点： 灯蛾中的美国白蛾是世界著名的检疫害虫，幼虫可将杨树的叶子全部吃光。从国外传入我国后，曾在陕西造成严重危害，路边的杨树只剩下光秃秃的树干。

伪蝶灯蛾

榕拟灯蛾

夜 蛾
Yee

夜蛾

分　　类： 鳞翅目 Lepidoptera 夜蛾科 Noctuidae 昆虫，我国约有 2000 种。

英 文 名： noctuid moths

特　　征： 有狭窄的前翅和宽阔的后翅，前翅颜色暗。为典型的夜出性蛾子，有趋光性和趋糖性。

常见种类： 斜纹夜蛾 *Aglaomorpha histrio* 成虫翅展 35 毫米左右，前翅褐色，有多条淡色斑纹，后翅几乎白色。

知 识 点： 1. 夜蛾大多数是农业上的重要害虫，如大地老虎、小地老虎、棉铃虫等。

2. 利用夜蛾的趋糖性，农业上经常用糖醋来诱杀。

被灯光引诱到白布上的夜蛾

弓背蚁

蚂 蚁

Mayi

分　　类： 膜翅目 Hymenoptera 蚁科 Formicidae 昆虫，我国约有 600 种。

英 文 名： ants

特　　征： 身体较小，3~10 毫米，有黑色、褐色、黄色和红色等颜色。口器咀嚼式，上颚（牙）发达，触角为弯曲的膝状。前足有专门清理触角用的净角器。蚂蚁群体中有工蚁、兵蚁、雄蚁、雌蚁之分。

1. 雌蚁是有生殖能力的蚁后，在群体中体型最大，尤其是腹部，生殖器官发达，有翅。主要的职责是产卵、繁殖后代。
2. 雄蚁头圆小，有发达的生殖器官，主要职能是和蚁后交配。
3. 工蚁是没有生殖能力的雌性，无翅，个体最小，但数量最多，工蚁就像蚁巢里的奴隶，主要的职责是建造和扩大巢穴、采集食物、照顾幼蚁、蚁后等。
4. 兵蚁的头较大，上颚牙比工蚁粗大，主要职责是保卫蚁巢。

切叶蚁正在切割树叶

常见种类： 1. 日本弓背蚁 *Camponotus japonicus*
体较大，弓起，黑色。

2. 小家蚁 *Monomorium pharaonis*
体小，褐色。

切叶蚁将切下的叶片运输到巢内，培养菌体。

生活习性： 蚂蚁在我国各地都有分布，南方较为普遍，食性广，动物性、植物性食物都食用，尤其喜爱蚜虫、介壳虫的分泌物。蚂蚁的寿命很长，工蚁根据种类可生存几星期至几年，蚁后可存活十多年。

捕捉方法： 一般有两种方法：

1. 挖掘和采集整个蚁巢，这样可同时拥有蚁后、工蚁、兵蚁、幼蚁，但要注意安全，因为兵蚁会攻击你。
2. 用面包屑、死昆虫碎块或砂糖等蚂蚁喜食的东西引诱蚂蚁过来，然后捕捉，此方法捕捉容易，但一般只能获得工蚁和兵蚁。也可在塑料瓶里放点蜜糖水，放在蚂蚁经常出没之处诱捕。

人工饲养：
1. 在大的玻璃缸或塑料箱中垫放较厚的泥土，不能积水。
2. 土层上面用石块瓦片堆垒，供蚂蚁活动。
3. 饲养箱应有用纱窗做成的盖子，便于通气。
4. 喂食糖、饭粒、小昆虫等。
5. 冬季要用灯光或取暖器加温。

行军蚁

蚁搬家，白色部分是蚂蚁的蛹。

蜜蚁庞大而透明的腹部储存着花蜜

知 识 点：
1. 有的蚂蚁体内含有人体必需的多种氨基酸和多种微量元素，长期食用可增强人体免疫功能。目前，国内已把蚂蚁做成点心、菜肴和酒。在国外，已把蚂蚁制成罐头、蚂蚁巧克力等。蚂蚁还可以治疗类风湿性关节炎，甚至对肿瘤也有一定的疗效。目前我国的食药用蚂蚁主要是鼎突多刺蚁（拟黑多刺蚁）。
2. 蚂蚁可以和蚜虫共栖，蚜虫受到蚂蚁的保护，有些还被蚂蚁带回巢穴过冬，等到第二年春天再放出来。
3. 成语有：“蚂蚁啃骨头”、“蚍蜉撼树”、“如蚁附膻”。

胡蜂的巢穴内

胡 蜂

Hufeng

分　　类： 膜翅目 Hymenoptera 胡蜂科 Vespidae 昆虫，我国有一百多种。

别　　名： 黄蜂、马蜂

英 文 名： social wasps

特　　征： 身体多有黄色、黑色和棕色等艳丽斑纹，复眼中间凹入，呈肾形，上颚（牙）发达，前后翅透明，有毒针。

常见种类： 1. 黄边胡蜂 *Vespa crabro* 成虫体长 25 毫米，头部和胸部两边黄色，胸部中间褐色，腹部前半段褐色，后半段黄色，中间有褐色条纹。

2. 金环胡蜂 *Vespa mandarinia* 成虫体长 35 毫米，头部黄褐色，胸部深褐色，腹部黄色和褐色相间。

生活习性： 以捕食小昆虫等为生。蜂巢受震动后，会群起而攻击对方，尾部的毒针有毒，有时能致人丧命，建议不要去捕捉和饲养。

知 识 点： 1. 胡蜂是益虫，由于它经常捕食农田和树林中的害虫，因此在不伤害到人类的前提下需要加以保护。

2. 胡蜂有很好的食用价值和药用价值。蜂房有祛风、杀虫、解毒的功效。幼虫和蛹油炸后

城市中的胡蜂巢，蜂巢很轻，但保温性能良好。

是上佳的营养食品，在我国南方地区有吃蜂蛹的习俗。

3. 胡蜂的巢由其唾液和植物纤维混合而成，重量轻，但保温性能好，外面糊成一个球形，内部分为多层，有立柱相连，每个巢室为六角形，常筑在窗檐下、树杈上或树洞中。
4. 胡蜂中雄性的触角 13 节，雌性 12 节，可以相互区分。
5. 成语有“蜂虿有毒”。

胡蜂舔食树汁

蜜蜂采蜜

蜜 蜂
Mifeng

分　　类： 膜翅目 Hymenoptera 蜜蜂科 Apidae 昆虫，我国约有 6 种。

英 文 名： honeybees

特　　征： 身体较小，多数有毛，雄性的触角 13 节，雌性 12 节，口器是既能咀嚼固体食物又能吸食液体食物的嚼吸式，翅发达，前足有净角器，后足小腿有能携带花粉的“花粉篮”。

常见种类： 意大利蜜蜂 *Apis mellifera* 也称西蜂，体长 10 毫米左右，黄褐色，尾部有毒针。

生活习性： 社会性昆虫，以花粉和花蜜为食。

捕捉方法： 先用网扫入，后用小瓶口套，或用蜂蜜诱捕。

人工饲养： 一般不建议个人饲养，除非有良好的保护措施。

知 识 点：
1. 蜂巢内蜜蜂等级严明，分工明确，雌性工蜂负责清扫垃圾、照顾幼虫以及采集花蜜、花粉。雄蜂负责与蜂王交配。蜂王的工作只是产卵，扩大蜂群。
2. 养蜂人一般饲养东方蜜蜂和西方蜜蜂两种。前者也叫中华蜜蜂，产蜜量不是很高，但抗病性强。后者源于欧洲，产蜜量较高。
3. 蜜蜂的许多产品对人类有益，如蜂蜜、蜂王浆、蜂胶等。
4. 人类已利用蜜蜂毒针中的蜂毒治病，尤其对关节炎有疗效。

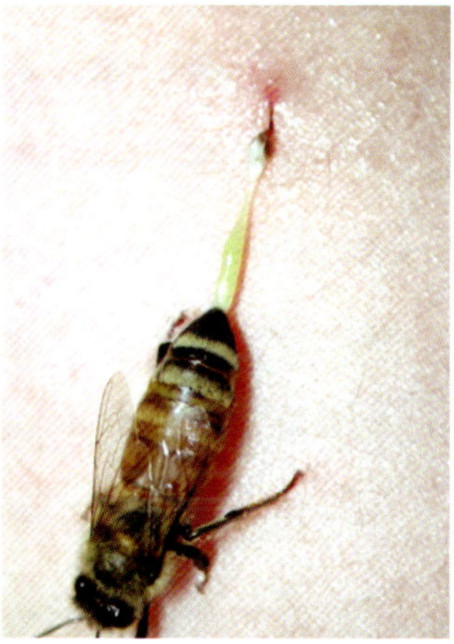

蜜蜂蛰人后拉出的毒针

蜜蜂和蜜蜂巢

木 蜂
Mufeng

黄胸木蜂

分　　类： 膜翅目 Hymenoptera 蜜蜂科 Apidae 昆虫，我国有二十多种。

别　　名： 竹蜂

英 文 名： carpenter bees

特　　征： 身体有各色长毛，一些种类有金属光泽。

常见种类： 1. 黄胸木蜂 *Xylocopa appendiculata* 体长 25 毫米，身体粗壮，胸部和腹部第一节有黄色的长毛，翅黑色。

2. 长木蜂 *Xylocopa tranquabarorum* 体长 25 毫米，黑色。

生活习性： 常在干燥的木材上或竹竿上蛀孔营巢，食花粉和花蜜。

木蜂的头部，复眼有许多小眼组成，触角中间有呈倒品字形的三个突出的单眼。

熊 蜂

Xiongfeng

熊蜂采蜜

分　　类： 膜翅目 Hymenoptera 蜜蜂科 Apidae 昆虫，我国有一百多种。

英 文 名： bumble bees

特　　征： 身体粗壮，有各色的长毛，一些种类有金属光泽。

常见种类： 三条熊蜂 *Bombus trifasciatus* 体长 20 毫米，头部有黑色长毛，胸部中间黑色，周围黄色，腹部前面柠檬黄色，中间黑色，后端锈红色。

生活习性： 社会性昆虫，食花粉和花蜜。

捕捉方法： 用网扫入后，用小瓶口套。

知 识 点： 熊蜂是传粉昆虫，在现代农业中将它人工培养并投放在温室中给番茄授粉。

熊蜂吸蜜，触角中间为喙管。

附录：

昆虫的身体特征

昆虫的身体分为头部、胸部和腹部三部分：

1. 头部是感觉和取食中心，有复眼及单眼，一对触角和口器，触角和口器根据昆虫的种类不同而有所差异。

2. 胸部是运动中心，有三对足和二对翅，一些种类的前后翅已经退化，或是后翅退化成平衡棍。

3. 腹部是生殖中心，包含生殖系统和大部分内脏，一些种类的雌性有较长的产卵瓣。

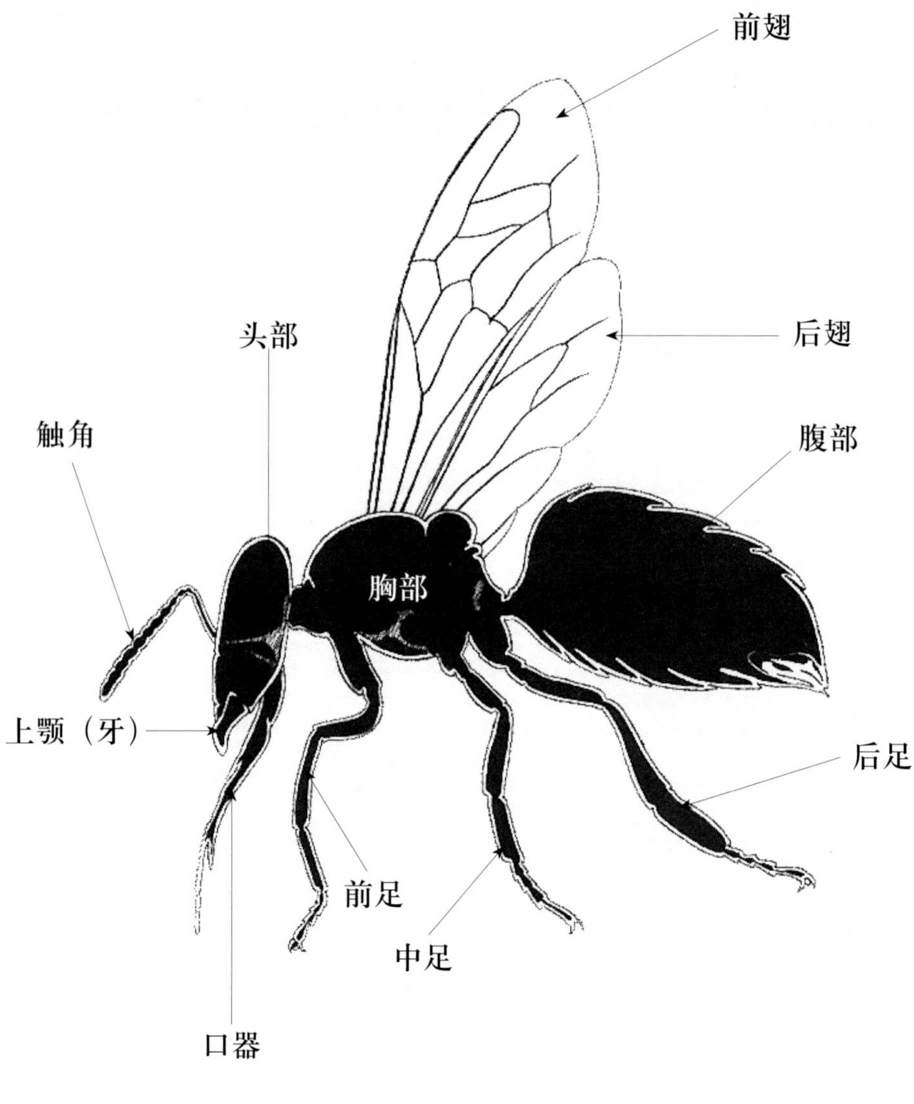

昆虫的采集

采集地点：

水面、水中、水底的卵石下、沙地上、落叶层中、腐殖土中、石块下、粪堆中、水塘边、动物尸体周围、腐烂的树干中、杂草中、灌木上（叶片正反面、嫩枝、树皮裂缝中，花朵里以及鼓起的虫瘿中）、岩石上、动物身上、天空中、路灯下、房间里等。

采集工具：

昆虫网、三角包、棉花包、塑料袋、毒瓶、镊子、剪刀、瓶子、小铲、螺丝刀、手电筒、纸、笔、照相机。有条件的团队还可以带上 2×2 米的白布、绳子和高压汞灯。

1. 三角包制作方法。

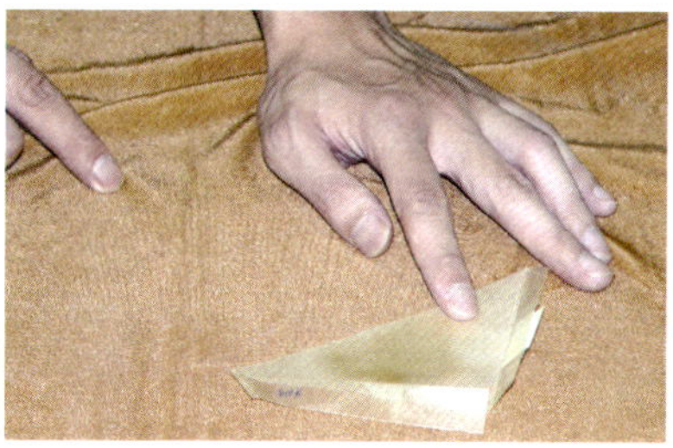

2. 将斜折对折，然后将两头翻折、压角。

3. 将长方形的光纸留出两头，然后斜折。

长戟犀金龟是世界上最大的甲虫，是昆虫收藏中的珍品。

采集方法：

1. 捕网法：主要是捕捉空中飞行的昆虫。在草丛和植物上来回横扫，可将植物上的昆虫扫到网中。也可将网放在树丛下，用木棍敲打树枝，用网接住掉落的昆虫。还可以将网放在溪流中石头下方，然后翻动石头，让流水将昆虫冲进网里。

2. 诱捕法：用装有诱饵（腐肉、糖、水果等）的瓶子埋在土中，吸引昆虫入内，还可以将蜂蜜水涂在树干上引诱一些甲虫。

3. 灯诱法：晚上利用昆虫的趋光性，在白墙或白布前点灯，引诱昆虫前来。

4. 吸管法：对一些土中或落叶中的细小昆虫，可用吸虫管收集。

注意事项：

1. 尽量穿厚点的袜子、长裤和长袖的衣服，如牛仔裤等，裤足最好绑住。
2. 穿运动鞋或健身鞋，最好是高帮。
3. 带上背包、帽子、手套和雨衣。
4. 野外看到蜜蜂巢、胡蜂巢等蜂类最好避开。
5. 尽量不要用手去捉虫，可用镊子或其他工具。
6. 草深林密的地方不要进入，或用棍棒开路。
7. 避免单身，最好 2~3 人一组。
8. 带照相机的一定要多注意从各个角度拍摄昆虫。

敲打树枝，用网接住掉落的昆虫。

在植物上来回扫网

蝴蝶的捕捉方法：

1. 在下风口用网迎头捕蝶。入网后要立即将网袋折转，以防逃脱。

2. 用手指对网中蝴蝶的胸部挤压，将其内骨骼挤碎，使之无法逃离。

3. 从网中拿出，放入三角包中，应注意勿将触角折断。

标本的制作

1. 还原：将干的标本放在容器内的架子上，架子下面放水，使标本吸收水汽后变软，一般需要 4~5 天。刚采回的标本不需要还原。

2. 展翅或展姿、针插：对蝴蝶进行展翅，对其他昆虫则是整理姿势，并用昆虫针针插。

3. 熏蒸：有条件的可以用四氯化碳在密闭的容器内对标本进行熏蒸处理，防止生虫，一般需要 10 天左右。

4. 烘干：处理好的昆虫可放入封闭的容器内，利用 100 瓦的灯泡进行烘烤，使昆虫体内的水分蒸发，蝴蝶和小昆虫一般 2~3 天，大的甲虫 3~4 天，具体时间可根据容器的大小、灯泡的多少自己掌握。

5. 标签记录：烘好的标本要插上标签，记录标本的种名、采集地点（省市或山名）、海拔、采集时间、采集人等信息。

6. 保管存放：标本应该存放在标本盒中，放置在干燥恒温的室内，在标本盒中还可以放一些樟脑精等防霉防蛀品来保护昆虫标本。

蝴蝶标本制作示范

1. 准备工具。

2. 准备展翅板，也可以用厚的泡沫板替代，在板的中间开一条沟槽，宽度和深度根据蝴蝶身体而定。

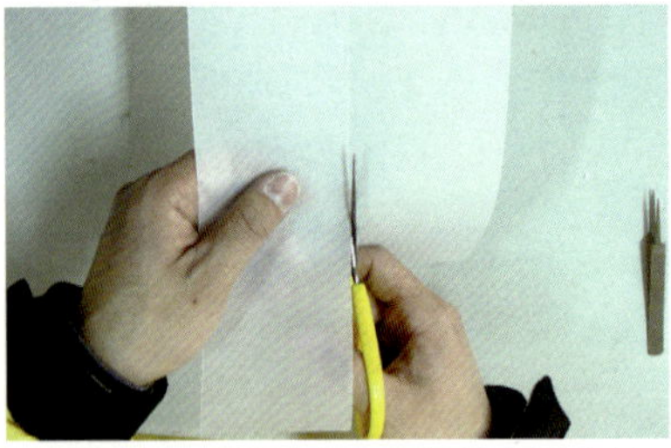

3. 准备展翅用的纸条，一般用光滑的纸张或薄膜片。

4. 将蝴蝶身体放入沟槽，沟槽应比蝴蝶身体宽深一些。

5. 将针从胸部正中垂直插入，如果没有专用的昆虫针，也可以用加长的大头针或缝衣针替代，针头应高出蝴蝶身体20毫米左右。

6. 将蝴蝶的翅展开，前翅后压住后翅前端，交叉线与身体纵向垂直。

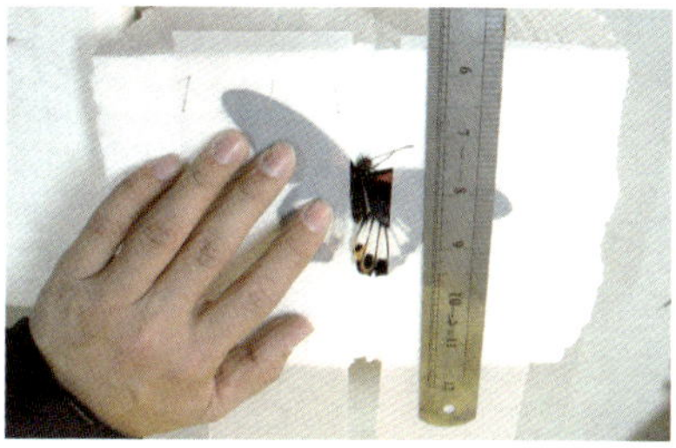

7. 用展翅纸将蝴蝶翅压住。

8. 用针将展翅纸和蝴蝶翅固定。

9. 针应向外斜插在蝴蝶翅的外缘固定，不能损坏翅膀。

10. 展好一侧再展另外一侧。

11. 展翅完成后，将触角也压入纸下，并用针固定。

天牛标本制作示范

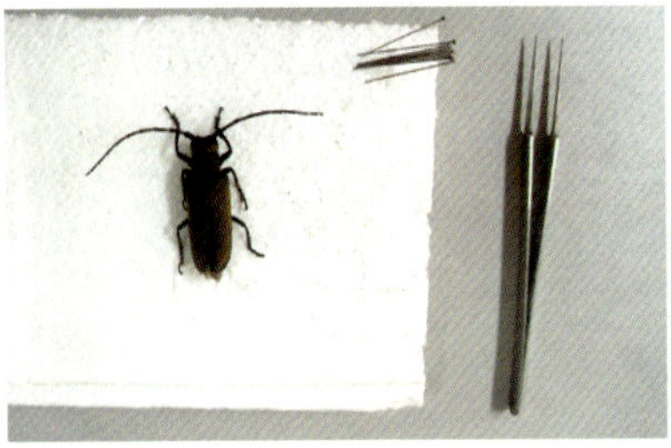

1. 准备工具。

2. 用针插在虫体近中部右侧的鞘翅上，并固定在泡沫板上。

3. 用针在虫体的胸部和尾部进行固定。

4. 固定虫体后开始整理姿态，一般前足向前，中足向两侧或是前侧，后足向后，并且左右要求对称。

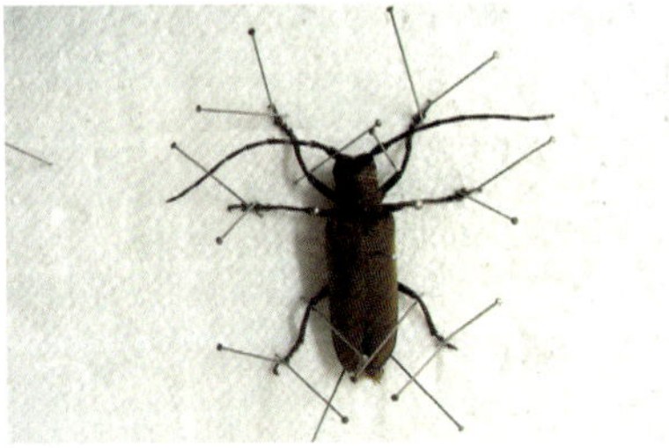

5. 固定时可用针交叉固定，一般足的大腿可以略微抬起。

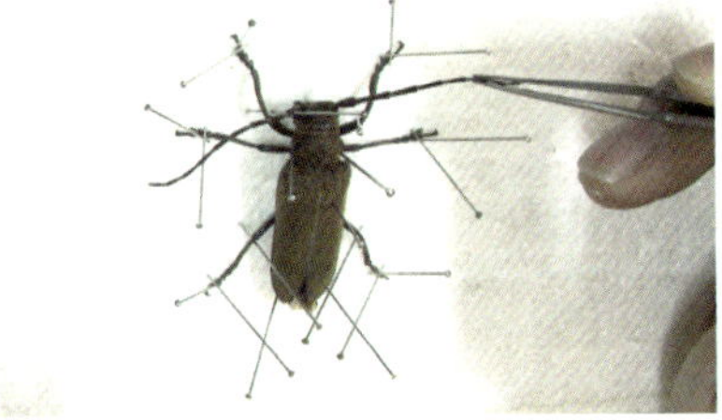

6. 整理完足以后，再整理触角，触角短的可以前伸，触角长的可以弯向后侧，便于保护触角。

7. 整理完成以后，也需要用灯泡烘。

8. 烘烤完成后应附上标签，标签上应注明采集地点、时间和采集人等信息，最后放入标本盒。

活体天牛

色彩斑斓的吉丁虫可制作成很漂亮的标本

标本采集记录表

采集编号	0001	0002	0003	0004	0005
采集地点	中国 ______ 省 ______ 市（小地名）山				
采集时间	_____ 年 _____ 月 _____ 日				
采集人					
海拔（米）					
采集环境	如：地面	如：水面	如：枯死植物或树干内	如：蘑菇	如：动物尸体内
寄　主			如：松树	如：香菇	如：乌鸦
照片号					
备　注					

注：

采集编号：一般每个标本有一个号码，如果是相同的种类，数量较多，并且是在同一地点或者同一株植物上采集到的，可以用一个号码。

采集地点：地点按照从大到小的顺序排列，如：浙江临安天目山仙人顶。

采集环境：包括地面、土壤、水、植物、菌类、动物等。

寄　　主：昆虫生活的寄主名称，越详细越好，包括植物、苔藓、菌类、动物（鱼、鸟、哺乳动物或昆虫等）。

照 片 号：如果采集时拍摄了照片，应当记录与标本相对应的照片编号。

备　　注：可记录一些昆虫的行为活动或者虫态，比如取食叶片，吸食花蜜，或者正在交尾，正在吐丝。虫态可包括卵、幼虫、蛹和成虫等。